beck'sche reihe

bsr

Wie soll der Mensch mit dem Tier umgehen? Soll er überhaupt auf Tiere Rücksicht nehmen oder Tiere schützen? Der Autor behandelt diese Fragen im Rückgriff auf die philosophischen Grundlagen jeder Tierethik. Er zeigt, daß sich weder auf eine religiöse noch auf eine metaphysische Normenordnung Forderungen nach einem Tierschutz stützen lassen. Als einzige rationale Basis des Tierschutzes kommt eine altruistische Einstellung des Menschen zum Wohl des Tieres in Betracht. Auf dieser Basis läßt sich, wie der Autor im Detail argumentiert, zwar kein generelles Tötungsverbot von Tieren begründen, wohl aber die Verpflichtung zu einer weitgehenden Rücksichtnahme auf die Leidensfähigkeit von Tieren.

Norbert Hoerster lehrte von 1974 bis 1998 als Professor Rechts- und Sozialphilosophie an der Universität Mainz. Zahlreiche Veröffentlichungen zur Ethik und Rechtsphilosophie.

Norbert Hoerster

Haben Tiere eine Würde?

Grundfragen der Tierethik

Verlag C.H.Beck

Originalausgabe

Gesamtherstellung: Druckerei C. H. Beck, Nördlingen
Umschlagentwurf: + malsy, Bremen
Printed in Germany
ISBN 3 406 51088 4

www.beck.de

Inhalt

Einleitung

Wie soll der Mensch mit dem Tier umgehen? In welchem Maß soll der Mensch, dem Tier in vieler Hinsicht überlegen, überhaupt auf Tiere Rücksicht nehmen oder Tiere schützen? Man kann diese Fragen in einem sehr unterschiedlichen Sinn verstehen. Zunächst kann man sie verstehen als Fragen nach den in der eigenen Gesellschaft als verbindlich geltenden Tierschutznormen. Solche Normen enthält sowohl die Sozialmoral als auch die Rechtsordnung unserer Gesellschaft. Beide diese Normenordnungen verbieten zum Beispiel ein beliebiges Quälen von Tieren, nicht aber das Töten von Tieren zum Fleischverzehr. Die Ermittlung und Darstellung der in Sozialmoral und Rechtsordnung einer Gesellschaft geltenden Tierschutznormen ist Aufgabe einer empirischen Sozial- bzw. Rechtswissenschaft.

Man kann die genannten Fragen aber auch in einem anderen Sinn verstehen. Das tut man dann, wenn man wissen will, wie der Mensch ganz unabhängig von der in seiner Gesellschaft geltenden Sozialmoral und Rechtsordnung mit Tieren umgehen soll, das heißt, welche Tierschutznormen sich als *normative Forderungen* für den Umgang mit Tieren *rational begründen* lassen. Wenn wir die Fragen, in diesem Sinn verstanden, ebenfalls beantworten können, so besitzen wir damit nicht nur eine Richtschnur für das eigene Verhalten dem Tier gegenüber; wir besitzen auch einen Maßstab, anhand dessen wir die geltenden Tierschutznormen in Sozialmoral und Rechtsordnung der Gesellschaft kritisieren und möglicherweise neu gestalten können. Wie sehr es wünschenswert ist, einen solchen Maßstab zu besitzen, zeigt schon der Umstand, daß Sozialmoral und Rechtsordnung einer Gesellschaft nicht selten änderungsbedürftig erscheinen und daß außerdem Sozialmoral und Rechtsordnung unterschiedlicher Gesellschaften häufig ganz unterschiedliche Verhaltensweisen vorschreiben.

Die Frage nach den rational begründeten Normen für den Umgang mit Tieren ist eine Frage der Tierethik. Die Kernfrage jeder Tierethik aber lautet: Gibt es einen hinreichenden Grund dafür, daß wir überhaupt irgendwelche Pflichten moralischer oder rechtlicher Art in bezug auf Tiere anerkennen? Anders ausgedrückt: Kommt Tieren überhaupt eine ethische Bedeutung und damit ein moralischer und rechtlicher Status zu? Erst wenn man auf diese Kernfrage jeder Tierethik eine befriedigende Antwort gefunden hat, kann man sinnvollerweise daran gehen, auf dieser Basis für gewisse inhaltlich bestimmte Tierschutznormen zu plädieren.

Das Problem der Grundlegung einer Tierethik steht im Mittelpunkt des vorliegenden Buches. In diesem Zusammenhang werden in den Kapiteln 1–5 die wichtigsten derzeit vertretenen Positionen zur Lösung des Problems dargestellt und kritisch erörtert.

In Kapitel 1 geht es um die im Ansatz religiöse Position der «Mitgeschöpflichkeit» des Tieres. Im Abendland stützt sich diese Position auf bestimmte Aussagen der Bibel, insbesondere auf die biblische Schöpfungsgeschichte. Danach nimmt der Mensch in der Natur eine Sonderstellung ein, mit deutlichen Privilegien gegenüber allen anderen Lebewesen. Es ist, entgegen einem verbreiteten Mißverständnis, nicht möglich, aus dieser Position nennenswerte Forderungen nach einem Tierschutz abzuleiten.

Das in Kapitel 2 behandelte ethische Prinzip der «Ehrfurcht vor dem Leben» beruht auf einer im Kern mystischen Weltbetrachtung. Es verdankt seine Verbreitung vor allem dem berühmten Theologen und Arzt Albert Schweitzer. Das Prinzip ist nicht nur rational kaum zu begründen. Es führt mit seinen außerordentlich weitgehenden Forderungen nach Schutz und Förderung *allen* Lebens auch zu einer Vielzahl moralischer Handlungskonflikte, für deren Lösung von Schweitzer keinerlei Kriterien genannt werden.

In Kapitel 3 werden zwei zur Zeit im deutschsprachigen Raum besonders einflußreiche tierethische Positionen vorgestellt, die zudem mit dem Anspruch auf objektive Begründbarkeit verbunden werden. Es handelt sich zum einen um die Behauptung einer dem Menschen erkennbar vorgegebenen «Tierwürde» und zum anderen um die Behauptung, daß sich bereits aus der «Menschenwürde» definitive Forderungen für den Tierschutz gewinnen lassen. Beide Positionen können ihrem Anspruch in mehr als einer Hinsicht nicht gerecht werden.

In Kapitel 4 geht es um das Prinzip der Gleichbehandlung des Tieres. Dieses Prinzip basiert auf dem ethischen Postulat einer speziesübergreifend *gleichen* Berücksichtigung der Interessen *aller* fühlenden Wesen. Es führt dazu, daß man gegenüber Tieren insoweit dieselben Pflichten hat wie gegenüber Menschen, als Tiere vergleichbare Interessen wie Menschen haben. Für dieses Postulat, das vor allem von dem bekannten Bioethiker Peter Singer vertreten wird, gibt es keine stichhaltige Begründung.

In Kapitel 5 wird dafür argumentiert, daß eine konsequent rationale Tierethik auf jeden objektiven Begründungsanspruch verzichten muß. Der einzige Weg zur Begründung von Tierschutznormen führt über die Bereitschaft von Menschen, die betreffenden Normen zu vertreten und in Sozialmoral und Rechtsordnung ihrer Gesellschaft aufzunehmen. Diese Bereitschaft kann rational betrachtet allein auf einer altruistischen Einstellung dem Tier gegenüber beruhen, die über sämtliche relevanten Fakten aufgeklärt ist.

In den Kapiteln 6 und 7 wird gezeigt, welche Folgerungen sich aus der Einstellung eines aufgeklärten Altruismus dem Tier gegenüber für die Beantwortung der zentralen inhaltlichen Fragen des Tierschutzes, die das Töten sowie das Quälen von Tieren betreffen, mit einer gewissen Plausibilität ergeben können.

Das Schlußkapitel gilt einer Frage, die in der heutigen tierethischen Diskussion sehr kontrovers erörtert wird: Gibt es einen guten Grund dafür, Tieren – ähnlich wie Menschen – individuelle Rechte zuzusprechen? Es wird gezeigt, wieso die Antwort auf diese Frage auf der Basis des in diesem Buch vertretenen tierethischen Begründungsansatzes negativ ausfällt. Als kaum überzeugend erweist sich auch eine Sichtweise, nach der die *gesamte* Natur mit Rechten auszustatten ist.

Für kritische Lektüre des Manuskripts danke ich meinen Kollegen Peter Stemmer und Lothar Fritze.

1. Das Tier als «Mitgeschöpf»

Thema dieses Kapitels ist eine spezifisch religiöse Konzeption des Tierschutzes, wie sie in unserer abendländischen Gesellschaft seit langem eine erhebliche Rolle spielt. Wichtigste Quelle dieser Konzeption ist der Text der Bibel, die für den Christen das «Wort Gottes» darstellt.

Die zentralen Aussagen der Bibel zum moralischen Status des Tieres enthält die sogenannte «Schöpfungsgeschichte». Hier heißt es ausdrücklich, daß Gott selbst die verschiedenen Tierarten schuf. Und weiter heißt es: «Dann sprach Gott: Laßt uns Menschen machen als unser Abbild, uns ähnlich. ... Gott sprach zu ihnen: Seid fruchtbar und vermehrt euch, bevölkert die Erde, unterwerft sie euch, und herrscht über die Fische des Meeres, über die Vögel des Himmels und über alle Tiere, die sich auf dem Land regen» (Genesis 1, 26–28).[1] Später, nachdem Adam und Eva von den Früchten des verbotenen Baumes gegessen hatten, gelangte Gott jedoch zu der Feststellung, «daß auf der Erde die Schlechtigkeit des Menschen zunahm und daß alles Sinnen und Trachten seines Herzens immer nur böse war». Gott bereute deshalb seinen Schöpfungsakt und sagte: «Ich will den Menschen, den ich erschaffen habe, vom Erdboden vertilgen, mit ihm auch das Vieh, die Kriechtiere und die Vögel des Himmels» (Genesis 6, 5–7). Nur der gottgefällige Noah, seine Familie und zwei Vertreter jeder lebenden Tierart blieben von der Vertilgung verschont (Genesis 6, 18–20). Nach der Rettung Noahs sprach Gott zu ihm und seinen Söhnen: «Furcht und Schrecken vor euch soll sich auf alle Tiere der Erde legen, auf alle Vögel des Himmels, auf alles, was sich auf der Erde regt, und auf alle Fische des Meeres; euch sind sie übergeben. Alles Lebendige, das sich regt, soll euch zur Nahrung dienen» (Genesis 9, 2–3).

Was läßt sich aus diesem Text für die Rolle, die Gott auf Erden dem Tier in Relation zum Menschen zugewiesen hat, entnehmen? Sicherlich geht aus dem Text hervor, daß das Tier ebenso wie der Mensch ein Geschöpf Gottes ist. Insofern ist das Tier tatsächlich des Menschen «Mitgeschöpf». Allerdings ist dies im Rahmen der christlichen Schöpfungslehre im Grunde nicht mehr als eine Trivialität: Da schlechthin *alles*, das heißt das ganze Universum, von Gott geschaffen ist, ist natürlich auch das Tier – ebenso wie der Mensch – von Gott geschaffen. Wie man allein aus diesem Umstand irgendwelche Verpflichtungen des Menschen zum Schutz des Tieres ableiten kann (was häufig geschieht), ist nicht ersichtlich.

Ungleich aussagekräftiger für das Verhältnis Mensch-Tier als die beiderseitige Mitgeschöpflichkeit ist allerdings die Anordnung Gottes, wonach der Mensch über sämtliche Tiere «herrschen» soll. Außerdem ist in diesem Zusammenhang von Bedeutung, daß die ihrerseits unschuldigen Tiere gemeinsam mit dem Menschen für dessen Sündenfall durch ihre Vertilgung hart «bestraft» werden: Nur wenige Exemplare dürfen – und zwar nicht um ihrer selbst, sondern um des gottgefälligen Noah willen – überleben. Diese und ihre Nachkommen jedoch sollen künftig dem Menschen in «Furcht und Schrecken» ausgeliefert sein und ihm außerdem «zur Nahrung dienen». All dies macht sehr deutlich: Mensch und Tier haben vor Gott keineswegs den gleichen Wert. So versichert auch Jesus ausdrücklich seinen Jüngern: «Ihr seid mehr wert als viele Spatzen» (Matthäus 10, 31).

Von irgendeiner Rücksichtnahme, die der Mensch – im Sinne einer Form von «Tierschutz» – dem Leben und dem Wohlbefinden der Tiere entgegenbringen soll, ist in der Schöpfungsgeschichte nirgendwo die Rede. So wie der Mensch sich die unbelebte Erde unterwerfen soll, so soll er über die Tiere eine Herrschaft des Schreckens ausüben. Basis dieser Forderung ist die Tatsache, daß Gott ausdrücklich allein den Menschen – und nicht das Tier – als sein eigenes, also als Gottes «Abbild» geschaffen hat. Gott selber als Ur- und Vorbild des Menschen aber hat kaum Rücksicht auf das Tier genommen: Er hat nicht nur die allermeisten Tiere als Reaktion auf den Sündenfall des Menschen einfach vernichtet. Er hat auch die Tiere offensichtlich so geschaffen, daß sie einander sehr häufig zu Nahrungszwecken und gelegentlich auch aus anderen Gründen – nicht selten auf grausame Art und Weise – umbringen. Warum also soll der Mensch als Abbild Gottes nicht tun dürfen, was Gott selbst seiner Schöpfung bewußt in die Wiege gelegt hat?

Zwar findet sich im Alten Testament die Ankündigung eines neuen, messianischen Reiches mit für das Tier erfreulicheren Perspektiven: «Dann wohnt der Wolf beim Lamm, der Panther liegt beim Böcklein. Kalb und Löwe weiden zusammen, ein kleiner Knabe kann sie hüten. Kuh und Bärin freunden sich an, ihre Jungen liegen beieinander. Der Löwe frißt Stroh wie das Rind» (Jesaja 11, 6–7). Man fragt sich jedoch unwillkürlich: Warum richtet der allmächtige Gott die Schöpfung nicht gleich so ein, wenn ihm derartige Lebensbedingungen als die dem Tier eigentlich angemessenen erscheinen? Es ist ja in keiner Weise einzusehen, warum auch die gesamte unschuldige Tierwelt für den Sündenfall des Menschen Strafe leiden muß.

Zutreffend ist, daß es im Alten wie im Neuen Testament einige Stellen gibt, an denen ausdrücklich für eine gewisse Rücksichtnahme des Menschen auf das Tier plädiert wird.

So heißt es etwa: «Der Gerechte weiß, was sein Vieh braucht» (Sprichwörter 12, 10). Und gegen das Verbot jeglicher Arbeit am Sabbat macht Jesus geltend: «Wer von euch wird seinen Sohn oder seinen Ochsen, der in den Brunnen fällt, nicht sofort herausziehen, auch am Sabbat?» (Lukas 14, 5). Es bleibt jedoch an diesen Stellen offen, ob die betreffende Rücksichtnahme auf das Tier nicht bloß deshalb gefordert wird, weil sie letztlich einem menschlichen Eigeninteresse dient. Deutlich in diese Richtung weist jedenfalls die Anweisung «Hast du Vieh, so schau darauf; ist es brauchbar, so behalt es!» (Sirach 7, 22). Und an einer weiteren einschlägigen Stelle stellt der Apostel Paulus die rhetorische Frage: «Liegt denn Gott etwas an den Ochsen?» (1 Korinther 9, 9)

Daß das Wohlergehen von Tieren als solches nach biblischer Sichtweise wohl kaum eine Bedeutung hat, macht der folgende Bericht über die Modalitäten der Heilung eines von Dämonen besessenen Menschen durch Jesus schlaglichtartig deutlich: «Nun weidete dort an einem Berghang gerade eine große Schweineherde. Da baten ihn die Dämonen: Laß uns doch in die Schweine hineinfahren! Jesus erlaubte es ihnen. Darauf verließen die unreinen Geister den Menschen und fuhren in die Schweine, und die Herde stürzte sich den Abhang hinab in den See. Es waren etwa zweitausend Tiere, und alle ertranken» (Markus 5, 11–13). Hier sterben nicht nur als Folge der Heilung eines einzigen Menschen zweitausend Schweine, also höhere Tiere. Es ist darüber hinaus auch kein Grund ersichtlich, warum Jesus den Dämonen überhaupt die Erlaubnis gibt, statt des Menschen als neue Opfer ausgerechnet Schweine heimzusuchen. Hätten es nicht – wenn es denn schon Lebewesen sein mußten – ebensogut Pflanzen oder niedere Tiere wie Mücken sein können?

Durchaus zutreffend führt schon Aurelius Augustinus (unter ausdrücklicher Berufung auf die soeben zitierte

Bibelstelle!) aus, daß es für den Christen ein gewaltiger Aberglaube ist, etwa das Töten irgendwelcher Tiere abzulehnen und Tier und Mensch ethisch auf eine gemeinsame Stufe zu stellen.[2] Und im gleichen Geist schreibt Thomas von Aquin, der einflußreichste katholische Philosoph und Kirchenlehrer, ebenfalls unter Berufung auf die Bibel sehr deutlich über die Tiere: «Sie sind aus göttlicher Vorsehung in natürlicher Ordnung auf den Nutzen des Menschen hingeordnet. Daher gebraucht sie der Mensch nicht zu Unrecht, sei es, wenn er sie tötet, oder sei es in jeder beliebigen anderen Weise».[3]

Bei unbefangener Betrachtung der göttlichen Botschaft kann man einen der führenden Tierexperimentatoren des siebzehnten Jahrhunderts, den Franzosen Jean Pecquet, gut verstehen, wenn er zur Frage der Vivisektion als Christ voll Selbstzufriedenheit erklärt: «Die Tiere, welche vom Schöpfer zum Gebrauch der Menschen geschaffen wurden, habe ich nicht im geringsten geschont».[4] Beachtung verdient dabei die Tatsache, daß zu dieser Zeit noch keinerlei Form der Betäubung der betroffenen Wesen auch nur möglich war.

Völlig zu Recht von ihrem Standpunkt aus haben nach alledem die christlichen Kirchen immer wieder die einzigartige Position des Menschen gegenüber seinen Mitgeschöpfen, die auf seiner Gottebenbildlichkeit beruht, betont. So wird auch in neuerer Zeit wieder in einer vom «Sekretariat der Deutschen Bischofskonferenz» herausgegebenen Schrift zum Status des Tieres die Warnung ausgesprochen: «Wenn der Unterschied zwischen dem Menschen und der übrigen Natur nicht mehr deutlich herausgestellt wird, wird der Mensch in das Naturgeschehen eingeordnet und seiner besonderen Würde entkleidet».[5]

Wer glaubt, sich zur Rechtfertigung der Forderung nach Tierschutz auf die Lehren der Bibel berufen zu können, kann dafür kaum bessere Argumente anführen als jemand, der meinen würde, aus der Bibel die Forderung nach Zulassung der Homosexuellenehe oder nach einem Verbot der Todesstrafe entnehmen zu können – angesichts der biblischen Aussage: «Schläft einer mit einem Mann, wie man mit einer Frau schläft, dann haben sie eine Greueltat begangen; beide werden mit dem Tod bestraft; ihr Blut soll auf sie kommen» (Levitikus 20, 13).

Soweit zum *Inhalt* der moralischen Botschaft der Bibel in Sachen Tierschutz. Kann diese Botschaft für den Menschen als *verbindlich* gelten? Das hängt natürlich von der religionsphilosophischen Frage ab, ob der Bibel *als solcher* so etwas wie Wahrheit und moralische Verbindlichkeit zukommt. Dieser Frage können wir hier nicht näher nachgehen. Es läßt sich heute, mehr als zweihundert Jahre nach der Philosophie der Aufklärung, jedoch kaum noch bestreiten, daß das Weltbild der Bibel sich jedenfalls mit rationalen Mitteln allein nicht verteidigen läßt. Weder die Argumente für die Existenz eines Gottes noch gar die Argumente für die Erschaffung der Welt durch diesen Gott sind so stark, daß jeder vernünftige Mensch ihnen folgen müßte. Und noch weit fragwürdiger als diese Voraussetzung der Existenz eines Schöpfergottes ist die Verläßlichkeit des Bibeltextes mit seiner Fülle an Details als des autoritativen «Wortes Gottes». Die bloße Tatsache, daß viele Menschen in irgendeiner Weise an Gott und die Bibel «glauben», ist kein hinreichender Beleg für die Wahrheit der betreffenden Glaubensinhalte und bietet deshalb auch keine hinreichende ethische Legitimation für die in der Bibel enthaltenen moralischen Botschaften.

Wenn man die Entwicklung der biologischen Wissenschaft seit Charles Darwin in Betracht zieht, muß man sogar zu dem Ergebnis kommen, daß es starke *Gegenargumente* zumindest gegen die biblische Schöpfungslehre mit ihrer Behauptung einer einzigartigen Sonderstellung des

Menschen gibt. Die in der modernen Biologie allgemein anerkannte Evolutionslehre hat nämlich zum Inhalt, daß der Mensch – im Gegensatz zum oben zitierten christlichen Standpunkt – durchaus «in das Naturgeschehen eingeordnet» ist: Der Mensch ist danach – als Mitglied der Ordnung der Primaten – Teil des Tierreichs und hat sich wie alle anderen biologischen Arten im Verlauf der Evolution allen Lebens auf ganz natürliche Weise entwickelt.

Mit dieser Lehre wird zwar nicht in Abrede gestellt, daß der Mensch über Eigenschaften, Fähigkeiten und auch Machtmittel verfügt, die in der übrigen Tierwelt in dieser Form nicht vorkommen. Gleichwohl ist mit ihr die These verbunden, daß die entsprechenden Unterschiede zwischen dem Menschen und den übrigen Primaten ungleich weniger bedeutsam und gravierend sind als die Unterschiede etwa zwischen den übrigen Primaten und irgendwelchen einzelligen Tieren. Eine einzigartige Sonderstellung gerade des Menschen im Vergleich zu sämtlichen anderen Tierarten ist insofern mit der Evolutionslehre nicht vereinbar. Zwar steht die Evolutionslehre nicht in Widerspruch zu der ganz allgemeinen Annahme, daß letztlich alles – also auch alles Leben – auf einen göttlichen Schöpfungsakt zurückgeht. Die *Einzelheiten* des biblischen Schöpfungsberichts jedoch können inzwischen durch die Evolutionslehre als widerlegt gelten.

Anders als der biblische Schöpfungsbericht ist die naturwissenschaftliche Evolutionslehre als solche ohne unmittelbare ethische Relevanz: Irgendwelche inhaltlichen moralischen Forderungen für den Umgang des Menschen mit dem Tier lassen sich aus ihr nicht ableiten. Doch auch insoweit diese Lehre einer ganz bestimmten moralischen Sichtweise der Mensch-Tier-Beziehung den Boden entzieht, erfüllt sie für die Tierethik eine wichtige Funktion.

Heute wird die Sichtweise von der einzigartigen Sonderstellung des Menschen innerhalb der Natur unter deutschen Akademikern gern aus der Moralmetaphysik des Philosophen Immanuel Kant hergeleitet. Diese ist im wesentlichen jedoch nichts anderes als die biblische Position in einem säkularen Gewand. Bei Kant heißt es nämlich: «Daß der Mensch in seiner Vorstellung das Ich haben kann, erhebt ihn unendlich über alle andere auf Erden lebende Wesen. Dadurch ist er eine Person ..., d.i. ein von *Sachen*, dergleichen die vernunftlosen Tiere sind, mit denen man nach Belieben schalten und walten kann, durch Rang und Würde ganz unterschiedenes Wesen».[6]

Allerdings darf man laut Kant mit der «Sache» Tier nur insoweit «nach Belieben schalten und walten», als dadurch nicht der Mensch indirekt mitbetroffen ist. So lehnt der Philosoph Gewalt und Grausamkeit gegen Tiere – etwa «martervolle physische Versuche, zum bloßen Behuf der Spekulation, wenn auch ohne sie der Zweck erreicht werden könnte» – deutlich ab. Der einzige Grund dieser Ablehnung ist jedoch der, daß durch solchen Sadismus gegen Tiere «das Mitgefühl an ihrem Leiden im Menschen abgestumpft und dadurch eine der Moralität, im Verhältnis zu anderen Menschen, sehr diensame natürliche Anlage geschwächt und nach und nach ausgetilgt wird». Mit anderen Worten: Tierquälerei ist deshalb und *nur* deshalb moralisch verwerflich, weil der Tierquäler unvermeidlich in seiner Eigenschaft als allgemein mitfühlendes Wesen verroht und damit sehr leicht auch zum Menschenquäler werden kann. Die Pflicht des Menschen in bezug auf Tiere kann aus diesem Grund immer nur «*in Ansehung* dieser Tiere» bestehen; «*direkt* aber betrachtet ist sie immer nur Pflicht des Menschen gegen sich selbst».[7]

Zu Kants These, wonach allein der Mensch moralische Berücksichtigung verdient, sei hier nur in grundsätzlicher Hinsicht folgendes gesagt. Kant vertritt die Auffassung, daß sich die Richtigkeit dieser These mit der Vernunft allein erkennen läßt, daß ihr also jeder rationale Mensch notwendig seine Zustimmung geben muß. Diese Auffassung ist jedoch argumentativ nicht einlösbar. Man kann keine der Gesellschaft vorgegebenen moralischen oder rechtlichen Verhaltensgebote mit der Vernunft allein erkennen; auch Kants berühmter «kategorischer Imperativ», wonach der Mensch bestimmte, erkennbare Pflichten – Pflichten jedoch nur gegenüber Menschen – hat, kann dies nicht leisten. Jede Übernahme einer Verpflichtung beruht immer auch auf einem Wollen, das letztlich in einem Wunsch oder Interesse desjenigen, der die betreffende Norm vertritt, fundiert ist.[8]

Da dieses Interesse eines Menschen aber nicht notwendig egoistischer Natur sein muß, sondern sich auch auf das Wohlergehen anderer Lebewesen richten kann, ist es im Grundsatz eine völlig offene Frage, ob Menschen nicht auch Tieren gegenüber gewisse Pflichten übernehmen wollen. Denn warum kann sich menschliches Mitgefühl nicht – ebenso wie auf das Wohlergehen anderer Menschen – auch auf das Wohlergehen von Tieren erstrecken? Es versteht sich keineswegs von selbst, daß der einzig mögliche Weg zur Begründung von moralischen Tierschutzpflichten über das oben dargestellte «Verrohungsargument» Kants verläuft. Es sei auch darauf hingewiesen, daß dieses Argument keineswegs so stark ist, wie Kant zu glauben scheint. Seine Prämisse, wonach Tierquäler tendenziell auch Menschenquäler sind, ist nämlich keine selbstverständliche Wahrheit, sondern müßte durch empirische Erfahrung zunächst einmal belegt werden.

Ich werde auf den eben angedeuteten Weg zur Begründung der Tierethik über den menschlichen Altruismus in Kapitel 5 noch ausführlich zurückkommen.

2. Die «Ehrfurcht vor dem Leben»

Wenn heutzutage in öffentlichen Stellungnahmen zum Tierschutz vom Tier als «Mitgeschöpf» die Rede ist, so denkt man dabei gewöhnlich nicht mehr an die im vorigen Kapitel behandelte, detaillierte Schöpfungsgeschichte innerhalb der christlichen Offenbarungsreligion. Man nimmt vielmehr Bezug auf ein sehr allgemeines religiöses Weltverständnis und mystisches Lebensgefühl, wonach der Mensch mit allen anderen Lebewesen einen gemeinsamen kosmischen Ursprung hat, also letztlich mit ihnen «in einem Boot sitzt» und ihnen schon deshalb Rücksichtnahme und Solidarität schuldet. Die ethische Komponente einer solchen Sichtweise findet dabei in besonders suggestiver Form Ausdruck in der Forderung nach einer umfassenden «Ehrfurcht vor dem Leben».

Diese Forderung, die sich im Kern bereits in religiösen Strömungen Asiens in vorchristlicher Zeit findet, ist in der heutigen westlichen Welt vor allem durch Lehre und Wirken Albert Schweitzers bekannt geworden.[9] Schweitzer schreibt: «Das Ahnen und das Sehnen aller tiefen Religiosität ist in der Ethik der Ehrfurcht vor dem Leben enthalten» (S. 335). Inhalt dieser Ethik ist es, «allem Willen zum Leben die gleiche Ehrfurcht vor dem Leben entgegenzubringen wie dem eigenen» (S. 331). Zu welchen Konsequenzen für den Tierschutz führt diese Ethik? Und läßt sie sich auf rationale Weise begründen?

Für Schweitzer ergibt sich aus der Ehrfurcht vor dem Leben zunächst einmal die Folgerung: «Gut ist, Leben erhalten und Leben fördern; böse ist, Leben vernichten und Leben hemmen» (S. 331). Daß Schweitzer diese Folgerung dabei in einem sehr strikten und umfassenden Sinn verstanden wissen will, zeigen seine folgenden Erläuterungen: «Wahrhaft ethisch ist der Mensch nur, wenn er der Nötigung gehorcht, allem Leben, dem er beistehen kann, zu helfen» (S. 331). Und weiter: «Ein Zwang, aller Kreatur alles irgend mögliche Gute anzutun, ergibt sich daraus für jeden von uns» (S. 341). Das bedeutet: 1. Die Ehrfurcht vor dem Leben betrifft nicht nur die Erhaltung, sondern auch die Qualität des Lebens. 2. Die Ehrfurcht vor dem Leben beinhaltet nicht nur Unterlassungs-, sondern ebenso auch Handlungspflichten. Daraus folgt zum Beispiel: Man ist nicht nur verpflichtet, Tiere nicht zu töten oder zu verletzen. Man ist ebenso verpflichtet, für Tiere (Wild- und Haustiere jeder Art) das Leben zu verbessern.

Moralisch noch brisanter als derartige Forderungen ist jedoch der folgende Aspekt der Ehrfurcht vor dem Leben. Das Prinzip führt nicht nur – außer zu Pflichten gegenüber anderen Menschen – auch zu weitestgehenden Pflichten gegenüber Tieren aller Art. Es führt ebenfalls zu solchen Pflichten gegenüber Pflanzen aller Art. Denn auch sie sind ja Lebewesen; auch ihnen gebührt also unsere Ehrfurcht. In der Tat hat Schweitzer diese Konsequenz seines Prinzips ausdrücklich gewollt: Dem moralischen Menschen, der sich an der Ehrfurcht vor dem Leben orientiert, ist, wie er schreibt, «das Leben als solches» in all seinen Erscheinungsformen «heilig», also ganz unabhängig davon, ob dieses Leben «empfindungsfähig» ist oder nicht. Der moralische Mensch gibt deshalb nicht nur acht, «daß er kein Insekt zertritt»; er reißt auch «kein Blatt vom Baume ab» und «bricht keine Blume» (S. 331).

Wie nun aber kann der Mensch selbst überhaupt am Leben bleiben und außerdem das Leben von Tieren fördern, ohne sich zumindest an pflanzlichem Leben moralisch zu vergehen? Ja, wie kann er das Leben mancher Tiere, die sich rein vegetarisch nicht ernähren können (man denke an Hunde oder Katzen), fördern, ohne diese Tiere auf Kosten des Lebens anderer Tiere zu versorgen? Und soll er im Rahmen seiner Handlungspflichten gegenüber allem Leben etwa wild lebende Tiere eigentlich daran hindern oder im Gegenteil dabei unterstützen, wenn diese Tiere andere Tiere zum Zweck des eigenen Überlebens töten? Führt nach alledem das Prinzip einer umfassenden Ehrfurcht vor dem Leben in der Praxis nicht unvermeidlich zu einer Vielzahl eklatanter Widersprüche?

Schweitzer hat dieses Problem zwar im Prinzip gesehen; gelöst hat er es jedoch nicht im mindesten. Denn die Anerkennung einer gewissen moralischen *Rangordnung* im Reich des Lebendigen, die für eine Lösung wegweisend sein könnte, lehnt er ganz entschieden ab. So läßt er ausdrücklich keinen «Unterschied zwischen höherem und niederem, wertvollerem und weniger wertvollem Leben» gelten.[10] Allem Leben, das als Leben gleichermaßen mit dem *Willen* zum Leben verbunden ist, muß, wie oben (S. 21) zitiert, auch «die gleiche Ehrfurcht» entgegengebracht werden. Schweitzer schreibt in diesem Zusammenhang von sich selber in schöner Offenheit, daß er dadurch, daß er sein eigenes Leben tatsächlich auf Kosten anderen Lebens erhält, beispielsweise «zum Massenmörder der Bakterien, die mein Leben gefährden», wird (S. 339).

Zwar spricht Schweitzer in solchen Fällen wiederholt von der «Notwendigkeit», auch Leben zu vernichten (S. 339ff.). Diese Notwendigkeit ändere aber überhaupt nichts daran, daß die betreffenden Handlungen nicht vertretbar seien und dementsprechend den Menschen, der sie begeht, moralisch schuldig machen. Der Autor läßt keinen Zweifel daran, daß seine Ethik der Ehrfurcht vor dem Leben nicht nur grundsätzlich *alles* Leben erfaßt, sondern daß sie auch in dem Sinn eine «absolute Ethik» ist, daß sie für «Kompromisse» irgendwelcher Art (etwa zugunsten *menschlichen* Lebens) keinen Raum läßt (S. 339).

Wieso nun aber unter genau dieser Voraussetzung gewisse Handlungen wie «Morde» an Bakterien laut Schweitzer immerhin als «notwendig» zu betrachten sind, bleibt völlig im unklaren. Notwendig sind sie sicher nicht in dem Sinn, daß der Mensch durch Naturgesetze gezwungen wäre, sie auszuführen, daß ihre Ausführung also unvermeidbar wäre. Nichts *zwingt* mich dazu, etwa Bakterien zum Zweck der Selbsterhaltung absichtlich zu töten. Es zwingt mich ja auch nichts dazu, etwa einen anderen Menschen, mit dem ich in einem Rettungsboot sitze, das nur einer einzigen Person Sicherheit bieten kann, gewaltsam über Bord zu werfen. Natürlich habe ich in beiden Fällen die Möglichkeit, mein Leben zugunsten anderen Lebens zu opfern. Dabei muß ich, wenn ich in Schweitzers Sinn moralisch sein will, im ersten Fall noch zusätzlich berücksichtigen, daß ich hier sogar eine *Vielzahl* von Lebewesen (nämlich Bakterien) ermorde, von denen *jedes einzelne* genau dieselbe Ehrfurcht verdient wie ein einzelner Mensch!

Noch fragwürdiger aber wird diese angebliche «Notwendigkeit» von Verstößen gegen die Ethik dann, wenn jemand andere Lebewesen opfert nicht für sich selbst, sondern für seine Mitmenschen (Schweitzer spricht in diesem Fall – so S. 341 – von einem «Opfer für die Menschheit»), wenn also nicht einmal die eigene Selbsterhaltung auf dem Spiel steht. Wieso soll es beispielsweise «notwendig» sein, daß ich meinen Hund zur Rettung eines fremden Menschen opfere?

Es mag zwar sein, daß der Durchschnittsmensch in Bezug auf all die oben genannten Handlungen normalerweise (mehr oder weniger stark) motiviert ist, sie tatsächlich auszuführen. *Notwendig* werden diese Handlungen dadurch jedoch nicht – erst recht nicht für einen moralischen Menschen im Sinne Schweitzers, nach dessen Ethik sie sich allesamt nicht rechtfertigen lassen.

Wenn man genau hinschaut, so sind solche Handlungen «notwendig» lediglich in dem Sinn, daß ohne sie ein bestimmtes Leben bzw. eine bestimmte Lebensqualität, die gefährdet sind, sich nicht schützen ließen. So muß zum Beispiel ein Arzt gewisse Bakterien töten, damit sein Patient am Leben bleiben kann bzw. schnell wieder gesund wird. In genau demselben Sinn ist allerdings auch genau das gegenteilige Handeln «notwendig»! Denn: Der Arzt muß seinen Patienten seinem Schicksal überlassen, damit die *Bakterien* am Leben bleiben können. Für welche der beiden Handlungen soll sich der Arzt entscheiden? Die eine Handlung ist zum Zweck des Lebensschutzes ganz genauso «notwendig» wie die andere; denn die eine Handlung verletzt das ethische Prinzip der «Ehrfurcht vor dem Leben» in genau demselben Maße wie die andere; und durch die eine Handlung macht der Arzt sich genauso «schuldig» wie durch die andere.

Spätestens hier wird deutlich: Schweitzers Begriff der «Notwendigkeit» ist zur Lösung von Konflikten im Rahmen seiner Ethik völlig nutzlos. Seine einzige Funktion dürfte darin bestehen, einem oberflächlichen Leser zu suggerieren, daß man auf der Basis dieser Ethik – entgegen dem ersten Anschein – ja eigentlich doch zu (im Sinn unserer herkömmlichen moralischen Überzeugungen) «ganz vernünftigen» Ergebnissen kommen kann. Insofern dient dieser Begriff nichts anderem als der Irreführung. In Wahrheit gibt es auf der Basis von Schweitzers «absoluter Ethik» einer unterschiedslos «gleichen Ehrfurcht» vor *allem* Leben keine überzeugende Lösung für auch nur einen einzigen moralischen Konflikt! Für welche Alternative sich jemand in einem solchen Konflikt entscheidet, bleibt ganz und gar seiner Willkür überlassen. Das Einzige, was sich sagen läßt, ist: Schuldig macht er sich so oder so, gleichgültig wie er sich entscheidet.

In diesem Zusammenhang sei nochmals daran erinnert, daß Schweitzers Ethik der Ehrfurcht vor dem Leben nicht nur zu Unterlassungspflichten, sondern auch zu umfassenden, die Lebensqualität aller lebenden Wesen betreffenden Handlungspflichten führt (siehe oben S. 22). Insofern liegt die Frage nahe, ob man gemäß dieser Ethik im realen Leben nicht eigentlich *permanent* mit irgendeinem moralischen Handlungskonflikt konfrontiert ist. Denn sehe ich mich nicht fast immer gleichzeitig *mehreren* Lebewesen gegenüber, deren Überleben oder Lebensqualität ich fördern kann? Selbst wenn ich in concreto nur einem einzigen anderen Lebewesen etwas Gutes tun kann: Wie soll ich in diesem Fall handeln, wenn ich statt dessen auch mir selber eindeutig etwas Gutes tun kann? Schließlich bin ja auch ich ein Lebewesen, das generell Ehrfurcht verdient. Muß ich also die Wurst, die meine Frau mir gerade zum Abendessen gebraten hat, den im nahen Wald lebenden Katzen bringen, oder darf (oder sogar: muß) ich sie selbst essen?

So viel zu Bedeutung und Konsequenzen von Schweitzers Ethik der Ehrfurcht vor dem Leben. Läßt sich diese Ethik auf irgendeine Weise rational begründen? Diese Frage erledigt sich nicht schon deshalb von selbst, weil sich das oberste Prinzip dieser Ethik, wie gezeigt, in einer Vielzahl von Situationen als völlig leer erweist. Denn es wird im realen Leben zumindest gelegentlich Situationen geben, in denen *keine* ethischen Konflikte drohen. Man denke etwa an den Fall, daß ich auf einem Spaziergang für eine gewisse Strecke zwischen einem normalen und einem grasbewachsenen Weg wählen kann. In diesem Fall dürfte die Verpflichtung eindeutig sein, den normalen Weg zu wählen, damit das lebende Gras nicht Schaden nimmt. Außerdem muß man bedenken, daß es ja nicht auszuschließen ist, daß unsere Welt uns eines Tages mit weniger zahlreichen moralischen Handlungskonflikten konfrontiert, als dies gegenwärtig der Fall ist.

Gibt es also einen ausreichenden Grund, Schweitzers Ethik der Ehrfurcht vor dem Leben jedenfalls im Prinzip zu akzeptieren? Schweitzer selbst stützt sich auf die folgende Begründung: Als Individuum gehe ich aus von der Erkenntnis, «daß hinter und in allen Erscheinungen Wille zum Leben ist» (S. 329). (Unter «Erscheinungen» versteht der Autor hier offenbar nur *lebende* Erscheinungen, also nicht etwa Sand oder Steine.) In meinem eigenen Willen zum Leben erfahre ich dabei meine «Sehnsucht nach dem Weiterleben» und nach «Lust» sowie meine «Angst vor der Vernichtung» und vor «Schmerz» (S. 330 f.). Da ich aber gleichzeitig erkennen muß: «Ich bin Leben, das leben will, inmitten von Leben, das leben will», ergibt es sich, «daß ich die Nötigung erlebe, allem Willen zum Leben die gleiche Ehrfurcht vor dem Leben entgegenzubringen wie dem eigenen» (S. 331). Denselben Gedanken drückt Schweitzer auch so aus: «Ethik entsteht dadurch, daß ich die Weltbejahung, die mit der Lebensbejahung in meinem Willen zum Leben natürlich gegeben ist, zu Ende denke und zu verwirklichen versuche» (S. 328).

Mit anderen Worten: Moralisches Verhalten folgt aus der Einsicht, daß jede beliebige Manifestation des Willens zum Leben im Universum von derselben Bedeutung ist und daß sie deshalb von mir als Handelndem in einer völlig unparteiischen Weise berücksichtigt werden muß. Diese Argumentation ist gleich mehreren gravierenden Einwänden ausgesetzt.

Da ist zunächst der unbedingt klärungsbedürftige Schlüsselbegriff des «Willens zum Leben». Wieso hat jedes

Lebewesen – gleichgültig, ob Mensch, Tier oder Pflanze – den gleichen Willen zum Leben? Zutreffend ist sicher die Aussage, daß alle diese Lebewesen tatsächlich «leben»; sonst wären sie ja keine Lebewesen: Sie leben und werden bis zu ihrem Ende weiterleben. Wieso aber haben sie außerdem noch einen «Willen» zum Leben? Mit Recht führt Schweitzer zwar aus, daß ich als Mensch so etwas wie eine «Sehnsucht nach dem Weiterleben» und eine «Angst vor der Vernichtung» habe; und es spricht sicher nichts dagegen, diese meine Einstellungen auch als «Willen» zum Leben zu bezeichnen. Wieso aber findet sich dasselbe Phänomen automatisch in *allem* Leben, also auch in Pflanzen? Ist es nicht einfach Unsinn, einer Pflanze, die kein Bewußtsein hat, zu unterstellen, daß sie nach irgendetwas «Sehnsucht» oder vor irgendetwas «Angst» hat?

Wenn das so ist, wie kann man dann aber von einer Pflanze sagen, sie habe einen *Willen* zum Leben? In welcher Bedeutung der Worte «Wille zum Leben» könnte eine solche Aussage überhaupt zutreffen – außer in der tautologischen Bedeutung, daß die Pflanze, da sie ein Lebewesen ist, tatsächlich lebt? Jenen über das bloße Leben hinausgehenden «Willen» zum Leben, den ich als Mensch als «Sehnsucht nach dem Weiterleben» in mir wahrnehme, nimmt die Pflanze ja gerade nicht in sich wahr, da sie überhaupt nicht in der Lage ist, irgendetwas wahrzunehmen. Als erkennender Mensch habe ich nicht den geringsten Grund, Pflanzen allein deshalb, weil sie Lebewesen sind, alle möglichen Eigenschaften zuzuschreiben, die ich selbst als Lebewesen besitze. Mit noch besserer Begründung könnte ich sonst etwa Affen die Fähigkeit zum religiösen Glauben zuschreiben, weil ich selber diese Fähigkeit als Mensch besitze und weil Affen und Menschen – sogar abgesehen von der bloßen Eigenschaft des Lebens – als Primaten viel gemeinsam haben.

Bereits die fundamentale Voraussetzung von Schweitzers Argument für das Postulat einer «gleichen Ehrfurcht» vor *allem* Leben – nämlich der Wille zum Leben – ist also unzutreffend. (Auf die nicht einfache Frage, ob diese Voraussetzung jedenfalls bei *Tieren* in einem ethisch relevanten Sinn erfüllt ist, werde ich in Kapitel 6 noch näher eingehen.) Schweitzer liefert in Wahrheit nicht den geringsten stichhaltigen Grund dafür, daß es moralisch falsch ist, etwa eine «Blume zu brechen». Und ich muß bekennen, daß ich auch unabhängig von der Lehre Schweitzers nicht den geringsten Grund dafür erkennen kann, eine solche Handlung zu unterlassen, sofern die Blume in meinem eigenen Garten steht und etwa mein ästhetisches Empfinden stört.

Sehen wir jedoch einmal von der realitätsfernen Annahme Schweitzers über das Leben von Pflanzen ab und wenden uns der zentralen, nämlich normativen Frage zu. Warum muß ich als Mensch überhaupt irgendeine Moralnorm der Ehrfurcht vor dem Leben akzeptieren, die von mir verlangt, irgendein fremdes Leben selbst auf Kosten meiner eigenen Bedürfnisse, Wünsche oder Interessen zu respektieren und zu fördern?

Eine solche Forderung ist in Wahrheit sogar dann alles andere als selbstverständlich, wenn es sich bei dem fremden Leben um *menschliches* Leben handelt: Ich kann zwar als Wagnerianer das Interesse oder (in der Sprache Schweitzers) die «Sehnsucht» eines Musikstudenten gut nachempfinden, der einer anstehenden Spitzenaufführung von Wagners «Tristan und Isolde» beiwohnen möchte. Gibt mir das aber automatisch einen hinreichenden Grund dafür, daß ich mich mit diesem Interesse als handelndes Subjekt in der Weise identifiziere, daß ich dem Studenten eine Eintrittskarte der einzig noch verfügbaren teuersten Preisklasse kaufe, die er selbst sich nicht leisten kann? Offenbar nicht.

Doch selbst dann, wenn es um elementare Interessen unserer Mitmenschen geht, versteht es sich keineswegs von selbst, daß wir diesen Interessen im Konfliktfall mit unseren eigenen Interessen unbedingt den Vorzug geben sollen. Zwar würden wir einer solchen Forderung in der Regel zustimmen, wenn zwischen den betroffenen Interessen ein erhebliches Ungleichgewicht besteht, wenn also etwa unser Interesse an der Unversehrtheit eines Gegenstandes, der uns gehört, dem Interesse eines anderen Menschen am Überleben gegenübersteht. Halten wir uns aber moralisch für verpflichtet, etwa in einer Hungersnot ohne weiteres das Überleben fremder Kinder ebenso wichtig zu nehmen wie das Überleben – oder auch nur die Gesundheit – unserer eigenen Kinder?

Noch weniger als im Fall jedes beliebigen anderen Menschen ist es einleuchtend, daß man auch Tieren aller Art (soweit sich diesen tatsächlich ein »Wille zum Leben« zuschreiben läßt) die gleiche Rücksichtnahme und Sorge schuldet wie sich selbst oder seinen Angehörigen. Muß ich wirklich etwa mit dem Leben des Hundes meines Nachbarn denselben Wert verbinden wie mit dem Leben meiner Tochter? Schweitzers Forderung nach einer *unparteiischen* Bewahrung und Unterstützung *allen* Lebens entbehrt jeglicher Begründung.

Weder in ihrem prinzipiellen Ansatz noch in ihren praktischen Konsequenzen ist Schweitzers Ethik der «Ehrfurcht vor dem Leben» in argumentativen Schritten rationalen Denkens nachvollziehbar. Es verwundert nicht, daß der Autor selber diese Ethik stellenweise in einen deutlich mystischen Kontext stellt. Die folgende Passage aus seinem Werk bietet hierfür ein gutes Beispiel: «Tiefe Weltanschauung ist Mystik insofern, als sie den Menschen in ein geistiges Verhältnis zum Unendlichen bringt. Die Weltanschauung der Ehrfurcht vor dem Leben ist ethische Mystik. Sie läßt das Einswerden mit dem Unendlichen durch ethische Tat verwirklicht werden. Diese ethische Mystik entsteht in logischem Denken. Wird unser Wille zum Leben über sich und die Welt denkend, so gelangen wir dazu, das Leben der Welt, soweit es in unseren Bereich tritt, in dem unseren zu erleben und unseren Willen zum Leben durch Tat an den unendlichen Willen zum Leben hinzugeben. Mit Notwendigkeit endet rationales Denken, wenn es in die Tiefe geht, in dem Irrationalen der Mystik. Es hat es ja mit dem Leben und der Welt zu tun, die beide irrationale Größen sind».[11] Im «Irrationalen der Mystik» erübrigen sich alle Argumente.

3. Die «Würde» von Mensch und Tier

In den Kapiteln 1 und 2 haben wir Sichtweisen zur Tierethik kennengelernt, die – mehr oder weniger explizit – auf einer bestimmten religiösen Einstellung beruhen. In den Kapiteln 3 bis 5 wollen wir uns mit tierethischen Positionen befassen, die in ihrem Ansatz philosophischer Natur sind. Die im vorliegenden Kapitel behandelten Positionen stützen sich dabei auf ethische Prinzipien, die im Verständnis ihrer Vertreter objektiv begründet sind und damit zu Forderungen für den Tierschutz führen, die jeder Mensch, sofern er rational ist, sich zu eigen machen muß. Inhalt dieser Prinzipien ist die Berufung auf eine bestimmte «Würde», die dem Tier bzw. dem Menschen zukommt.

In der Tat spielt kein anderer Begriff in Tierschutzforderungen heutzutage eine so bedeutende Rolle wie der Begriff der *Würde.* Dabei wird dieser Begriff in zweifacher Weise zum Ausgangspunkt der Tierethik gemacht: Außer auf die Würde des *Tieres* als des zu schützenden Wesens beruft man sich nicht selten zusätzlich noch auf die Würde des *Menschen,* mit der es unvereinbar sei, das Tier mit der ihm eigenen Würde auf bestimmte Weise zu behandeln.

Abhandlungen, in denen der Begriff der Würde zur Begründung von Tierschutzforderungen dient, sind Legion. In den allermeisten Fällen hat das Wort «Würde» kaum mehr als die Funktion einer Worthülse oder Leerformel, in deren Bedeutung man einfach jene Forderungen hineinliest, die man als objektiv begründet ausweisen möchte.

Einen guten Beleg für diese Behauptung bietet ein noch auf vergleichsweise hohem Niveau stehendes Buch, das aus Anlaß der Aufnahme des Schutzes der «Würde der Kreatur» in die schweizerische Bundesverfassung erschienen ist und das unter anderem eine Vielzahl von Textauszügen vor allem theologischer und philosophischer Autoren enthält.[12]

Der Verfasser des Buches bestimmt die Tierwürde wie folgt: «Die Würde der Kreatur beruht auf ihrem *Eigenwert*, d. h. auf dem Wert, der ihr unangesehen des Umstandes, ob und inwiefern die Kreatur auch für den Menschen oder andere Lebewesen einen Wert besitzt, zukommt» (S. 38). Dabei sei diese Behauptung einer Tierwürde keine «empirische Tatsachenbehauptung», sondern stelle einen «moralischen Anspruch» dar (S. 41). Letzeres trifft sicher zu. Die alles entscheidende Frage in diesem Zusammenhang aber lautet: Wie läßt sich der moralische Anspruch, daß jedes Tier als solches – unabhängig von jeglicher Bewertung durch den Menschen – einen Wert darstellt, den jeder Mensch zu respektieren hat, begründen?

Eine Begründung dieses moralischen Anspruchs wäre offenbar nur dann möglich, wenn es 1. so etwas wie eine dem Menschen vorgegebene oder vorpositive Werteordnung gäbe und wenn 2. die «Würde», also der Eigenwert von Tieren, ein Element dieser Werteordnung wäre. Schon die erste Voraussetzung aber ist alles andere als selbstverständlich. Um sie als erfüllt ansehen zu dürfen, müßten wir eine Methode besitzen, mit der wir die postulierte Werteordnung tatsächlich als objektiv vorgegeben erkennen könnten.

Das genannte Buch enthält jedoch keinerlei Hinweis auf eine solche Methode. Weder wird diese Methode auch nur ansatzweise im Buch selbst dargestellt und verteidigt, noch erfolgt ein Hinweis auf irgendeinen anderen Text, in dem diese Methode nach Auffassung des Verfassers überzeugend dargestellt und verteidigt wird. Weder der Verfasser selbst noch die Autoren der in das Buch aufgenommenen 77 Textauszüge scheinen sich der hier angesprochenen Problematik überhaupt bewußt zu sein.

Um aus den Textauszügen nur einen einzigen Beleg für diese Behauptung anzuführen: Ein Autor plädiert dafür, allen Lebewesen eine «inhärente Würde» zuzusprechen, das heißt anzuerkennen, daß wir allen Lebewesen gegenüber vorpositive moralische Pflichten haben (S. 81 f.). Dabei betont er, daß in dieses ethische Prinzip sowohl niedere Tiere ohne ein Bewußtsein als auch Pflanzen einbezogen sind. Zur Begründung des Prinzips jedoch führt er lediglich aus, die betreffende «Grundhaltung des Respekts gegenüber außermenschlichen Lebewesen» könne sowohl «eingegeben sein durch ein sogenanntes biozentrisches Verständnis der Natur» als auch «durch den Glauben, daß uns Gott geschaffen hat samt allen Kreaturen, daß diese Schöpfung zu Gottes Lob bestimmt ist und daß das Lob Gottes im Gedeihen und Blühen aller seiner Geschöpfe besteht» (S. 83).

Man fragt sich unwillkürlich: Auf welcher rationalen Grundlage könnte das besagte «biozentrische Verständnis der Natur» mit seinen vorpositiven Pflichten allen Lebewesen gegenüber denn beruhen? Wenn man aber die Schöpfung der Welt durch einen Gott einfach voraussetzt und daraus den Eigenwert allen Lebens ableitet: Warum haben dann nicht ebenso alle *nichtlebenden* von Gott geschaffenen natürlichen Objekte einen Eigenwert – mit der Konsequenz, daß wir beispielsweise auch nicht aus ökonomischen Erwägungen einen Flußlauf begradigen dürfen? Und schließlich: Die «Schöpfung» vermittelt bei unvoreingenommener Betrachtung alles andere als den Eindruck, daß ihr die Absicht zugrundeliegt, das «Gedeihen und Blühen» schlechthin «aller» Geschöpfe (und zwar einschließlich der Pflanzen) zu befördern.

Eine ganz ähnliche Position, wie sie durchgängig in dem genannten Buch zum Ausdruck kommt, vertritt der bekannte amerikanische Tierrechtler Tom Regan. Auch für Regan ist der jedem empfindenden Wesen als solchem von vornherein zukommende «Eigenwert» die philosophisch-ethische Basis aller tierschützerischen Forderungen.

Regan argumentiert wie folgt.[13] Wir alle gehen davon aus, daß jedenfalls jedes *menschliche* Individuum einen Eigenwert besitzt. Der Grund hierfür kann aber nicht, wie Kant annimmt, darin liegen, daß Menschen *Personen* sind, nämlich Wesen, die autonom handeln können und sich ihres eigenen Ichs bewußt sind. Denn sonst würde auch das «zurückgebliebene Kind» oder der «Geistesgestörte» keinen Eigenwert besitzen, da diesen Menschen offensichtlich jene Eigenschaften, durch die «Personen» im Sinne Kants charakterisiert sind, abgehen (S. 43). Wenn wir gleichwohl davon überzeugt sind, daß auch diesen Menschen, ja schlechthin *jedem* menschlichen Individuum ein Eigenwert zukommt, so kann dieser Eigenwert in nichts anderem als darin liegen, daß jedes menschliche Individuum jedenfalls *Empfindungen* besitzt und insofern als «Subjekt eines Lebens» zu betrachten ist, als «eine bewußte Kreatur mit einem individuellen Wohlergehen» (S. 42). Subjekte eines Lebens in diesem Sinn sind aber ohne Zweifel auch die Vertreter zahlreicher Tierarten. Deshalb besitzt auch jedes dieser Tiere einen Eigenwert, und es stehen ihm prinzipiell dieselben fundamentalen Rechte zu wie jedem Menschen.

Unvereinbar mit dieser Sichtweise ist dabei laut Regan nicht nur die Auffassung, daß Tiere gar keinen, sondern auch die Auffassung, daß Tiere einen *geringeren* Eigenwert als Menschen haben. Denn «da wir als theoretische Basis für unsere gegenseitigen Pflichten den Eigenwert des Individuums anerkannt haben, zwingt uns die Vernunft – nicht die Empfindung oder Gefühlsregung – dazu, die gleichen

Eigenwerte bei Tieren anzuerkennen» (S. 44). Alle Lebewesen, die «empfindende Subjekte eines Lebens» sind, «haben *den gleichen* Eigenwert, seien es menschliche Lebewesen oder nicht» (S. 43).

Tiere so zu behandeln, «als hätten sie keinen unabhängigen Wert» und seien bloß «Ressourcen» für uns Menschen, ist nach alledem Zeichen eines «tiefreichenden, systematischen Unrechts» (S. 45). Ebensowenig wie wir andere, schwächere Menschen unter Mißachtung ihrer aus ihrem Eigenwert ableitbaren Rechte für unsere eigenen Zwecke nutzen dürfen, dürfen wir mit Tieren so verfahren. Aus diesem Grund hält Regan jegliche Nutzung von Tieren – zu Nahrungszwecken ebenso wie zu medizinischen Versuchen – für moralisch unvertretbar. Er schreibt: «Tieren auf dem Bauernhof mehr Raum, mehr natürliche Umwelt, mehr Gefährten zu geben, macht aus dem fundamentalen Unrecht kein Recht, genausowenig, wie es fundamentales Unrecht in Recht verkehren würde, gäbe man Labortieren größere, sauberere Käfige oder setzte man sie mehr unter Narkose» (S. 45 f.). Die Würde bzw. der Eigenwert der Tiere erfordert nicht weniger als die Aufgabe aller Tierversuche und die «völlige Auflösung der kommerziellen Tierwirtschaft» (S. 46).

Kritisch ist zu dieser tierethischen Position zu sagen, daß sie begründungstheoretisch völlig in der Luft hängt. Ebenso wie die anderen in diesem Kapitel bislang behandelten Autoren setzt auch Regan die «Würde» bzw. den «Eigenwert» des Tieres einfach begründungslos voraus, um mithilfe dieses hochtönenden Begriffs den gewünschten moralischen Tierschutzforderungen den Anschein einer objektiven Legitimität zu geben.

Wie ich an anderer Stelle im Detail gezeigt habe,[14] beruht die Annahme einer dem Menschen objektiv vorgegebenen, von seinen eigenen subjektiven Bewertungen und Interessen ganz unabhängigen Werte- oder Normenordnung auf einer Illusion. Kein Lebewesen, ob Mensch oder Tier, besitzt einen mit der bloßen Vernunft erkennbaren «Eigenwert», aufgrund dessen dieses Lebewesen per se unsere Wertschätzung verdient. Jede Bewertung oder Normierung durch den einzelnen oder die Gesellschaft besitzt unvermeidlich ein subjektives Element: Das Subjekt der Bewertung bringt durch diese Bewertung seine eigene (positive oder negative) Einstellung zu dem Gegenstand, der bewertet wird, zum Ausdruck. Insofern ist es zunächst einmal eine ganz offene Frage, ob etwa *mein* Leben außer für mich selbst noch für irgendein anderes Individuum irgendeinen Wert hat oder nicht. Es gibt keinen Wert, der existent sowie erkennbar ist unabhängig von jeder subjektiven Bewertung oder Wertschätzung.

Diese Tatsache schließt nicht aus, daß bestimmte Objekte oder Gegenstände der Bewertung tatsächlich von allen (oder nahezu allen) Subjekten gleich bewertet werden. Falls dies zutrifft, kommt diesen Wertungen, obschon keine erkennbaren Werte ihnen objektiv zugrundeliegen, doch eine *intersubjektive* Geltung zu. So, wie vermutlich mehr oder weniger alle Menschen saubere Luft oder sauberes Wasser höher bewerten als schmutzige Luft oder schmutziges Wasser, kann es natürlich auch der Fall sein, daß wir alle die Existenz von (anderen) Menschen höher bewerten als die Existenz etwa von Elefanten und daß wir die Existenz von Elefanten höher bewerten als die Existenz etwa von Löwenzahn. Ebenso kann es der Fall sein, daß wir alle die Existenz bestimmter Tierarten (wie etwa Zecken), die uns Menschen oder auch bestimmten anderen von uns geschätzten Tierarten nur Schaden bringen, ganz übereinstimmend negativ bewerten.

Doch selbst wenn es der Fall sein sollte, daß wir alle die meisten Tiere wertschätzen, so folgt daraus in keiner Weise, daß wir diese Tiere auch *in gleichem Maße* wie andere Menschen wertschätzen. Woher will Regan wissen, daß alle empfindenden Wesen – in einer jeder menschlichen Bewertung vorgegebenen, höheren Werteordnung – den gleichen Wert haben? Die ganze spekulative Willkür seiner Position wird mit einem Schlag deutlich, wenn er an einer Stelle, an der er den «Eigenwert» empfindender Wesen erneut bekräftigt, über diesen Eigenwert unvermittelt fortfährt: «Ob er auch zu anderen Wesen gehört – zu Felsen und Flüssen, Bäumen und Gletschern beispielsweise –, wissen wir nicht und werden es vielleicht niemals wissen» (S. 44). Wenn wir dies aber offenbar nicht wissen, woher «wissen» wir denn dann, daß der postulierte Eigenwert zu allen empfindenden Wesen – und zwar in gleicher Weise – gehört?

Nach einer realistischen und ideologiefreien Sichtweise erfolgt jede Wertung, wie gesagt, unvermeidlich von einem bestimmten subjektiven – und günstigenfalls auch intersubjektiven – Standpunkt aus. Hieraus darf man jedoch nicht die falsche Folgerung ziehen, daß jede Wertung unbedingt auch zweckbezogen oder *instrumental* sein müßte. Daß ich etwa die Existenz von Sonnenuntergängen oder die Existenz von Elefanten positiv bewerte, bedeutet nicht notwendig auch, daß ich diese Bewertungen im Hinblick auf einen von mir zusätzlich verfolgten Zweck vornehme. Ebenso wie man etwa das eigene Joggen sowohl als Selbstzweck als auch zur Förderung der Gesundheit wertschätzen kann, kann man selbstverständlich auch beispielsweise Existenz und Wohlergehen von Elefanten sowohl als Selbstzweck als auch zum Zweck der Gewinnung von Elfenbein wertschätzen. Im ersteren Fall kann man dann tatsächlich sagen, daß Elefanten einen gewissen intrinsischen Wert oder «Eigenwert» besitzen – einen Eigenwert nämlich für jene Individuen, die Elefanten um ihrer selbst willen wertschätzen.

Wie sich auf einer subjektivistischen Basis gleichwohl die Forderung nach *Menschen*rechten, die unserem moralischen Denken unverzichtbar ist, auch intersubjektiv begründen läßt, werden wir in Kapitel 4 im Ansatz sehen. Und welche Konsequenzen sich aus einer subjektivistischen Sichtweise von Werten und Normen für den moralischen Status des *Tieres* im Prinzip ergeben, werden wir in Kapitel 5 erörtern. Im gegenwärtigen Kontext geht es mir nur darum, die gängigen Berufungen auf eine sogenannte «Würde», die allen Tieren angeblich zukommt, als begründungstheoretisch wertlos zurückzuweisen.

Als noch wertloser, wenn möglich, entpuppt sich allerdings die ebenfalls verbreitete Praxis, sich in Fragen des Tierschutzes sogar auf die «Würde» des *Menschen,* die Menschenwürde zu berufen. Dies mögen die folgenden Zitate aus einem Aufsatz des tierschützerisch besonders engagierten Philosophen Jean-Claude Wolf zeigen.[15] Wolfs Ausführungen ranken sich um die Behauptung: «Im Umgang mit Tieren steht die Würde des Menschen auf dem Spiel» (S. 62). Menschen nämlich, so der Autor, die sich Tieren gegenüber «brutal oder gleichgültig» verhalten, «schaden damit nicht nur einem Tier, sondern erleiden Schaden an ihrer eigenen Seele. Sie brutalisieren sich selber. Sie würdigen sich selber herab» (S. 63). Und zwar leben die betreffenden Menschen «in einem tiefen Zwiespalt mit sich selber, er oder sie kann den wahren Seelenfrieden nicht finden» (S. 65).

In ähnlichem Sinn heißt es bei dem renommierten Naturrechtsphilosophen Robert Spaemann: «Nicht das eigene *Interesse,* sondern die *Selbstachtung* ist es, die uns gebietet, das Leben dieser Tiere, wie kurz oder lang es sein mag, artgemäß und ohne die Zufügung schweren Leidens geschehen zu lassen».[16]

Bei einem derartigen argumentativen Vorgehen werden die gewünschten moralischen Forderungen im Umgang mit Tieren einfach begründungslos vorausgesetzt sowie in den Begriff der Menschenwürde bzw. der Selbstachtung hineingelegt. Auf dieser Basis erscheint es dann natürlich als reine Selbstverständlichkeit, daß derjenige, der diesen Forderungen nicht nachkommt, seine Würde als Mensch verletzt und insofern seiner eigenen Seele Schaden zufügt. Es bereitet allerdings nicht die geringste Schwierigkeit, mithilfe dieser Methode so gut wie *jede beliebige* moralische Forderung – von der Verpflichtung, homosexuelle Handlungen zu unterlassen, bis hin zu der Verpflichtung, einen Teil seines Einkommens wohltätigen Zwecken zu spenden – zu «begründen». Die Argumentationsweise ist unvermeidlich eine vollkommen zirkuläre; und die «Menschenwürde» fungiert ausschließlich als eine leere Worthülse, die eine besonders unangreifbare Form der Begründung vorspiegelt.

Bei Wolf kommt noch hinzu, daß er recht verschwommene Angaben darüber macht, welche *bestimmten* Verhaltensweisen dem Tier gegenüber nun eigentlich die Menschenwürde verletzen. Er spricht durchweg sehr allgemein vom «Ausbeuten» der Tiere (S. 63), vom «Elend» der Tiere (S. 63), von der «Unterwerfung und grenzenlosen Nutzung» der Tiere (S. 67) oder von der «industriellen Ausbeutung und Elimination» der Tiere (S. 70f.) und brandmarkt außerdem «frivole Gelüste im Bereich der Ernährung oder Kosmetik» (S. 66).

Um die *Leidenszufügung* gegenüber Tieren scheint es dem Autor bei alledem jedenfalls nicht ausschließlich oder in erster Linie zu gehen. Sonst könnte er wohl kaum verkünden: «Fleischkonsumenten gleichen einem Despoten, der die Schreie vor seinem Palast nicht hören will» (S. 71) und schreiben: «Wer tausend Schweine hält statt drei, macht diese Schweine zu völlig anonymen Wesen; eine einzelne Person kann kaum zu allen tausend Schweinen eine persönliche oder gar freundschaftliche Beziehung aufbauen» (S. 71). Man fragt sich: Sind Schweine, um artgerecht und angenehm zu leben und anschließend – zum Zweck menschlicher Ernährung – schmerzlos zu sterben, wirklich darauf angewiesen, in dem Sinn aus der Anonymität zu treten, daß sie zu einem einzelnen Menschen eine «freundschaftliche Beziehung aufbauen»?

4. Das Prinzip der «Gleichbehandlung» des Tieres

Den Vorwurf einer hochtönenden Leerformel oder gar leeren Phrase kann man dem Prinzip der «Gleichbehandlung» des Tieres nicht machen. Dieses Prinzip führt vielmehr – ganz anders als die Anknüpfung an die sogenannte «Würde» von Mensch oder Tier – zu durchaus klaren und gehaltvollen normativen Forderungen für den Tierschutz. Es führt, wie wir im folgenden sehen werden, zu solchen Forderungen ebenso deutlich, wie dies etwa die Prinzipien der Gleichbehandlung der Frau oder der Gleichbehandlung der Angehörigen einer fremden Rasse in ihrem jeweiligen Bereich tun. So führt es etwa dazu, daß man dieselben Schmerzen, die man einem Menschen nicht zufügen darf, auch einem Tier nicht zufügen darf. Die große Frage ist, ob das Prinzip der Gleichbehandlung des Tieres sich wirklich in einer für jedermann verbindlichen Weise begründen läßt.

Peter Singer, der profilierteste Vertreter des Prinzips, nimmt in seiner Begründung des Prinzips unmittelbar auf die genannten Parallelen der Gleichbehandlung von Frauen und Schwarzen Bezug.[17] Seine Kernthese lautet: Über einen langen Zeitraum sind Frauen ebenso wie Schwarze in unserer Gesellschaft diskriminiert worden. Inzwischen jedoch besteht bei uns Einigkeit darüber, daß jede Form von «Sexismus» bzw. «Rassismus» als illegitim abzulehnen ist. Das Geschlecht bzw. die Rassenzugehörigkeit von Menschen kommt als Anknüpfungspunkt für die Behandlung, die wir diesen Menschen schulden, nicht in Betracht (S. 27ff.).

Ganz Entsprechendes aber muß, so Singer, für unseren moralischen und rechtlichen Umgang mit Tieren gelten. Denn ebenso wie Menschen unabhängig von Geschlecht und Hautfarbe fühlende Wesen mit Bedürfnissen bzw. Interessen sind, trifft dies auch auf Tiere – zumindest auf sehr viele Tiere – zu. Zwar haben Tiere nicht in *jeder* Hinsicht die *gleichen* Interessen wie Menschen. Aber auch Kinder etwa haben nicht in jeder Hinsicht die gleichen Interessen wie Erwachsene. Und trotzdem akzeptieren wir das Prinzip, daß wir jene Interessen, die bei Kindern ebenso wie bei Erwachsenen in gleicher Weise vorhanden sind (wie etwa das Interesse an Schmerzvermeidung), auch in gleicher Weise normativ berücksichtigen müssen. Also müssen wir im Umgang mit Tieren auch so verfahren. Auch deren Interesse etwa an Schmerzvermeidung müssen wir, wenn wir konsequent sind, in gleicher Weise normativ berücksichtigen. Falls wir dies nicht tun, huldigen wir in ganz entsprechender Weise einer Bevorzugung der eigenen biologischen Spezies – einem «Speziesismus» –, wie wir einem «Rassismus» huldigen, wenn wir als Weiße die eigene Rasse privilegieren und Schwarzen etwa das politische Wahlrecht verweigern. Schließlich sind Eigenschaften wie Rassen- oder Geschlechtszugehörigkeit innerhalb der Spezies «Mensch» ebenso biologische Merkmale wie die Zugehörigkeit zur Spezies «Mensch» innerhalb der Klasse «Säugetier» ein biologisches Merkmal ist (S. 34ff.).

Singer fordert mit seinem Prinzip nicht unter allen Umständen die *gleiche Behandlung* von Tier und Mensch, sondern vielmehr die *gleiche Berücksichtigung der Interessen* von Tier und Mensch – insoweit Tier und Mensch tatsächlich gleiche Interessen haben. Offenkundig gleich aber ist besonders das Interesse, das sowohl das Tier wie auch der

Mensch an der Vermeidung von Schmerzen hat. Wenn wir etwa einem Hund mit einer Nadel ins Bein stechen, so reagiert er nicht viel anders als ein Kleinstkind in der entsprechenden Situation. Also verlangt das Prinzip der gleichen Interessenberücksichtigung, daß wir jene Schmerzen, die wir nach unserer moralischen Überzeugung dem Kind nicht zufügen dürfen, auch dem Tier nicht zufügen. Denn, so Singer, das Prinzip der «Berücksichtigung der Interessen des jeweiligen Lebewesens ... muß gemäß dem Prinzip der Gleichheit auf alle Lebewesen ausgedehnt werden, ganz gleich ob sie schwarz oder weiß sind, männlich oder weiblich, menschlich oder nichtmenschlich» (S. 33).

Daß dieses Prinzip für unsere moralische Einstellung zu Tieren erhebliche Konsequenzen hat, leuchtet ohne weiteres ein. Wie erheblich, ja unter Umständen revolutionär diese Konsequenzen jedoch sind, macht Singer selbst an einigen Beispielen in aller Klarheit deutlich. Das Prinzip hat nämlich nicht nur zur Folge, daß wir tierische Interessen geringfügigeren menschlichen Interessen nicht opfern dürfen. Es führt ebenfalls dazu, daß wir immer dann, wenn wir die Verletzung gewisser Interessen fühlender Wesen für unverzichtbar halten, menschliche Interessen in keiner Weise privilegieren dürfen.

So bezieht sich Singer etwa auf den Fall, daß wir zu einem bestimmten Zweck «extrem schmerzhafte oder tödliche Experimente» an einem Lebewesen für nötig halten. In diesem Fall, so Singer, sei es zwar gerechtfertigt, eher Tiere als erwachsene Menschen für diese Experimente zu verwenden, da bei erwachsenen Menschen zu den Folgen der Experimente selbst noch die vorherige Angst vor ihnen hinzukomme. Da dieses Argument aber offensichtlich nicht auf Kleinkinder sowie auf geistig zurückgebliebene Menschen zutreffe, bestehe jedenfalls kein Grund, auch *diese* Menschen Tieren gegenüber zu privilegieren. Insofern gehörten, was die Interessenverletzung und damit auch die mögliche Legitimität schmerzhafter oder tödlicher Experimente angeht, «nichtmenschliche Tiere, Kleinkinder und geistig zurückgebliebene Menschen zur gleichen Kategorie» (S. 47f.).

Singer will mit diesem Argument nicht etwa all jene Experimente, die derzeit an Tieren – etwa zu Forschungszwecken – durchgeführt werden, auch an den genannten Menschen für legitim erklären. Er will lediglich sagen: *Insoweit* wir die betreffenden Experimente an fühlenden Wesen wie Tieren für legitim halten, müssen wir sie – gemäß dem Prinzip der gleichen Berücksichtigung von Interessen – auch an diesen Menschen für legitim halten. Und das bedeutet auch: Sofern wir die betreffenden Experimente an diesen Menschen *nicht* für legitim halten, können wir sie auch an Tieren nicht für legitim halten.

An einer weiteren Stelle führt Singer aus, daß es «einige Menschen gibt, die eindeutig unterhalb des Niveaus von Bewußtsein, Selbstbewußtsein, Intelligenz und Empfindungsvermögen vieler nichtmenschlicher Tiere liegen» – nämlich Menschen «mit schweren und irreparablen Hirnschäden». Wenn wir angesichts dieser Tatsache unsere herkömmliche moralische Einstellung gegenüber Tieren tatsächlich für richtig halten, so müssen wir, so Singer, es konsequenterweise auch für richtig halten, «aus nichtigen Gründen schmerzhafte Versuche an behinderten Menschen durchzuführen, ja sogar ... sie zu Nahrungszwecken aufzuziehen und zu töten» (S. 381 f.).

Für Singer zählen prinzipiell in der Moral alle Lebewesen gleicherweise, die die «Fähigkeit zu Leiden und Freude» haben – unabhängig davon, ob diese Lebewesen bzw. Tiere «menschliche» Tiere (also Menschen) oder «nichtmenschliche» Tiere sind (S. 36 ff.). Und in welchem Maß irgendein konkretes Individuum, ob menschlich oder nichtmenschlich, moralische Berücksichtigung verdient, welchen «Wert» es in moralischer Betrachtung hat, hängt einzig und allein davon ab, in welcher Hinsicht und in welchem Maß dieses konkrete Individuum fähig ist, das gesamte mögliche Spektrum an Leiden sowie Freuden in seinem Leben zu erfahren.

Daß so gesehen Menschen *generell* (im Sinn des durchschnittlichen Menschen) einen größeren Wert haben als die Vertreter jeder nichtmenschlichen Tierart, bestreitet Singer nicht; er hält diese Tatsache aber im konkreten Fall nicht für moralisch relevant. Denn es steht für ihn außer Frage, daß es jedenfalls *einige* nichtmenschliche Tiere gibt, deren Leben – nach dem von ihm vorausgesetzen Kriterium – moralisch «mehr Wert» hat als das Leben *einiger* Menschen: «Ein Schimpanse, ein Hund oder ein Schwein beispielsweise dürfte einen höheren Grad an Selbstbewußtsein aufweisen und eine größere Fähigkeit für sinnvolle Beziehungen zu anderen besitzen als ein geistig schwerbehindertes Kleinkind oder ein Mensch im Stadium fortgeschrittener Senilität.» Wenn dies aber so ist, dann verlangt das Prinzip der gleichen Interessenberücksichtigung, daß wir, sofern wir das Recht auf Leben auf die genannten Eigenschaften der betreffenden Individuen gründen, «diesen Tieren ein genauso großes, wenn nicht sogar ein größeres Lebensrecht zugestehen als solchen geistig behinderten oder senilen Menschen» (S. 53).

Was ist von Singers Prinzip der gleichen Interessenberücksichtigung aller fühlenden Wesen und von seiner damit verbundenen Absage an jegliche Privilegierung des Menschen zu halten? Zunächst einmal müssen wir Singer recht geben, was seine rein *deskriptiven* Vergleiche zwischen Tier und Mensch betrifft: Offenkundig hat – nach allem, was wir wissen – beispielsweise eine ausgewachsene Katze ein differenzierteres Innenleben mit vielfältigeren aktuellen Interessen als ein neugeborenes Kind. Es gibt tatsächlich keine einzige Eigenschaft, die mit dem Interesse, mit dem Wohl und Wehe eines fühlenden Wesens irgendwie zu tun hat, die zwar *alle* Menschen, nicht aber außer Menschen auch zumindest *einige* Tiere besitzen – und zwar sogar in größerem Ausmaß. Singer schreibt: «Zum Beispiel können alle Menschen, aber nicht nur Menschen, Schmerzen empfinden; und während schwierige mathematische Probleme zwar nur Menschen lösen können, können es doch nicht alle Menschen. So zeigt es sich, daß in dem einzig möglichen Sinne, in dem wir eine faktische Gleichheit von Menschen wirklich behaupten können, zumindest manche Angehörige anderer Spezies ebenfalls ‹gleich› sind» (S. 378).

Die alles entscheidende *normative* Frage in diesem Zusammenhang lautet also: Warum müssen wir allein wegen dieser Tatsache die Interessen der betreffenden Tiere auch in gleicher Weise *berücksichtigen* wie die gleichen Interessen der betreffenden Menschen? Prinzipiell gefragt: *Warum müssen wir uns das Prinzip der gleichen Interessenberücksichtigung aller fühlenden Wesen unabhängig von der Spezieszugehörigkeit überhaupt zu eigen machen?*

Diese Frage rührt an die Grundlagen der Ethik überhaupt. Ohne diese Grundlagen in unsere Erörterung einzubeziehen, treten wir in der Tierethik – ebenso wie in jeder anderen Sparte der sogenannten «Angewandten Ethik» – auf der Stelle. Zwei unterschiedliche Ansätze kommen in Betracht, um das Prinzip der gleichen Interessenberücksichtigung als allgemein verbindlich zu begründen. Der erste Ansatz geht von dem umfassenden Prinzip einer utilitaristischen Ethik aus, der zweite stellt unmittelbar auf das Prinzip der gleichen Interessenberücksichtigung selbst ab. Beide Ansätze müssen, wie wir sehen werden, im Ergebnis scheitern.

Q U I T T U N G
BUCH KAISER GmbH
Kaiserstr. 199 76133 Karlsruhe
Tel.:0721/92929-0 Fax:0721/92929-90

27.04.05/0046 11:08 Kasse: 20 EUR

Artikel	Mg.	Preis	MwSt.	Summe
Haben Tiere eine Würde?				
WGR 1030 3-406-51088-4				
	1	9,90	7,00%	9,90
WGR 1990 Gutschein zurück				
	1	20,00	7,00%	20,00 STO
WGR 1990 Gutschein				
	1	10,10	7,00%	10,10
TOTAL			0,00	0,00

Nettoentgelt: EUR 0,00

Vielen Dank für Ihren Einkauf!
www.buchkaiser.de
on- und Datenträger sowie Kalender sind
vom Umtausch ausgeschlossen!
DE143592532

Das Grundprinzip des Utilitarismus lautet in seiner gängigen Version wie folgt: Die oberste moralische Pflicht des Menschen besteht darin, durch sein Handeln in größtmöglichem Maß die Interessen aller fühlenden Wesen zu befriedigen. Es ist ohne weiteres klar, daß dieses Prinzip, das allein auf Qualität und Quantität der betroffenen *Interessen* als solcher abstellt, für eine Diskriminierung von Tieren, soweit diese Träger von Interessen sind, keinen Raum läßt: Das Interesse eines Tieres etwa an der Vermeidung eines bestimmten Schmerzes ist moralisch ebenfalls und gleich stark zu berücksichtigen wie das Interesse eines Menschen an der Vermeidung dieses Schmerzes.

Warum aber ist der Mensch in seinem moralischen Urteilen und Handeln überhaupt an das Grundprinzip des Utilitarismus gebunden? Eine solche Bindung wäre sicher dann zu bejahen, wenn das Grundprinzip des Utilitarismus dem Menschen objektiv vorgegeben und als objektiv vorgegebenes Prinzip erkennbar wäre. Es gibt jedoch, wie oben (S. 37 f.) ausgeführt, keine hinreichenden Gründe, die Existenz einer dem Menschen objektiv vorgegebenen Normenordnung anzunehmen. Dabei macht es keinen Unterschied, ob die betreffende Normenordnung, wie der Begriff es nahelegt, aus *mehreren,* gleichrangigen obersten Normen (etwa einem Katalog von «Zehn Geboten») oder aus einer einzigen obersten Norm (wie im Fall des Grundprinzips des Utilitarimus) besteht. Das erkenntnistheoretische Problem, die jeweiligen obersten Normen allein mit dem Verstand zu erfassen, ist im Fall nur einer einzigen obersten Norm ebensowenig lösbar.[18]

Was andererseits das Prinzip der gleichen Interessen berücksichtigung selbst angeht, so ist dieses sicher in seine Forderungen nicht so weitgehend wie das Grundprinz des Utilitarismus. Es führt nämlich nicht automatisch da: daß schlechthin *jedes* überhaupt existente Interesse ei fühlenden Wesens auch moralisch zu berücksichtigen ist. Vielmehr begnügt es sich – unter dem Gesichtspunkt der Gerechtigkeit – mit der Forderung, daß wir genau jene Interessen, die wir im Umgang mit *einigen* Individuen oder Lebewesen *tatsächlich* moralisch berücksichtigen, ohne jede Diskriminierung auch im Umgang mit *allen anderen* Individuen oder Lebewesen berücksichtigen, daß wir also beispielsweise das in unserer Gesellschaft selbstverständliche Verbot schmerzhafter *Menschen*versuche ohne Einschränkung auf entsprechende schmerzhafte *Tier*versuche ausdehnen. Läßt sich also zumindest insoweit der in der Diskriminierung von Tieren liegende Speziesismus, wie Singer behauptet, ebensowenig moralisch rechtfertigen wie Rassismus oder Sexismus?

Dies wäre zum einen sicher dann der Fall, wenn wenigstens das Prinzip der gleichen Interessenberücksichtigung – wennschon nicht das anspruchsvollere Grundprinzip des Utilitarismus – dem Menschen objektiv vorgegeben und erkennbar wäre. Davon aber läßt sich aus genau den gleichen, nämlich erkenntnistheoretischen Gründen, wie sie oben in bezug auf den Utilitarismus genannt wurden, nicht ausgehen.

Es ist jedoch noch eine andere Form der Begründung des Prinzips der gleichen Interessenberücksichtigung denkbar, die offenbar ohne die metaphysische Voraussetzung dem Menschen vorgegebener Normen auskommt. Und zwar steht diese Form der Begründung mit der engen Parallelisierung von Speziesismus, Rassismus und Sexismus, wie Singer sie vornimmt, in direktem Zusammenhang. Diese Form der Begründung sieht etwa wie folgt aus.

Wir gehen aus von der in unserer gegenwärtigen Gesellschaft allgemein verbreiteten moralischen Einstellung zur Diskriminierung von Schwarzen oder Frauen. Nicht nur die Schwarzen und die Frauen selber, die unter einer solchen Diskriminierung natürlich leiden würden, sind gegen diese Diskriminierung; auch so gut wie jeder weiße Mann in unserer Gesellschaft lehnt sie ab. Dies trifft jedenfalls insoweit zu, als die Diskriminierung nicht im rein privaten Bereich verbleibt und zum Inhalt der öffentlichen Sozialmoral oder Rechtsordnung wird. Rassen- und Geschlechtszugehörigkeit als solche gelten insoweit, wie auch unsere Verfassung ausdrücklich anordnet (in Artikel 3 des Grundgesetzes), als grundsätzlich irrelevant. Müssen wir nun aber, sofern wir rational verfahren, nicht aus demselben Grund, aus dem wir – auch als Männer weißer Hautfarbe – die Diskriminierung von Schwarzen und von Frauen moralisch ablehnen, ebenso die Diskriminierung von Tieren moralisch ablehnen? Mit anderen Worten: Müssen wir nicht konsequenterweise die Interessen *aller* von unserem Handeln betroffenen Lebewesen – gleichgültig, ob diese Lebewesen unserer eigenen biologischen Kategorie der Rasse, des Geschlechts oder der Spezies angehören – in *gleicher* Weise berücksichtigen? Eine emphatische Bejahung dieser Frage bildet, wie wir oben (S. 45) sahen, den Kern der tierethischen Position Singers. Ist diese Position überzeugend?

Diese Position ist in der Tat dann, aber auch nur dann überzeugend, wenn es für unsere moralische Ablehnung von Rassismus und Sexismus keine andere zutreffende Begründung als den Rekurs auf das Prinzip der gleichen Interessenberücksichtigung gibt, wenn wir also auf dieses Prinzip einfach nicht verzichten können, um Rassismus und Sexismus auch weiterhin mit gutem Grund moralisch ablehnen zu können. Eine solche alternative Begründung aber gibt es, wie wir im folgenden sehen werden.

Zunächst sei darauf hingewiesen, daß die gesuchte Begründung nach der von mir vertretenen Grundkonzeption der Ethik natürlich nicht in einem dem Menschen objektiv vorgegebenen Prinzip der Gleichbehandlung aller *Menschen* bzw. der gleichen Berücksichtigung aller *menschlichen* Interessen liegen kann. Denn objektiv vorgegebene Prinzipien, gleichgültig mit welchem Inhalt, sind nach meiner Sichtweise, wie mehrfach ausgeführt, kein Gegenstand der Erkenntnis. Auch die in diesem Zusammenhang häufige Berufung auf eine angeblich allen Angehörigen der Spezies *Homo sapiens* von Natur aus zukommende «Menschenwürde» unterliegt diesem Urteil – ganz abgesehen davon, daß es durchaus nicht zwingend ist, gerade ein Verbot der Diskriminierung nach Rasse oder Geschlecht in diesen äußerst vagen Begriff hineinzulegen (vgl. auch oben S. 40 f.).

Die gesuchte Begründung für dieses Verbot muß nach meiner Sichtweise vielmehr von den Interessen der betroffenen menschlichen Individuen selbst ihren Ausgang nehmen.[19] Mit anderen Worten: Es muß sich zeigen lassen, daß die beiden zur Debatte stehenden, von uns allen vertretenen Diskriminierungsverbote auch tatsächlich in unser aller Interesse liegen. Ich bin der Überzeugung, daß die folgenden Erwägungen dies in der Tat für die allermeisten Mitglieder unserer Gesellschaft als in hohem Maß wahrscheinlich erweisen können.

Daß das Verbot jedenfalls im Interesse der Andersrassigen und der Frauen in unserer Gesellschaft liegt, erscheint unmittelbar einleuchtend; schließlich profitieren diese Gruppen ja von seiner allgemeinen Akzeptanz. Welches Interesse aber haben Weiße bzw. Männer, dem Verbot ihre Zustimmung und Loyalität zu geben? Es gibt zwei verschiedene Gesichtspunkte, die für ein solches Interesse sprechen und damit die betreffende Einstellung auch auf seiten der beiden letzteren Gruppen als durchaus rational im Sinne eigener Interessenwahrnehmung erweisen können. Wir wollen uns diese Gesichtspunkte im Blick auf einen typischen weißen Mann, den wir M nennen, vor Augen führen.

1. *Der Gesichtspunkt natürlicher Verbundenheit.* M hat, so ist anzunehmen, einige weibliche Verwandte (eine Mutter, eine Großmutter, eine Tante, eine Ehefrau, eine Tochter, eine Enkelin, eine Nichte), die ihm schon aus biologischen Gründen besonders nahestehen. Und da M – wie die allermeisten Menschen – jedenfalls im verwandtschaftlichen Nahbereich auch über *altruistische* Interessen verfügt, hat er auch ein Interesse daran, daß jedenfalls diese ihm besonders nahestehenden weiblichen Individuen *nicht* von der Gesellschaft diskriminiert werden. Dieses Interesse läßt sich realistischerweise aber allein auf dem Wege eines *allgemeinen* Verbots der Diskriminierung von Frauen realisieren.

Da M nur weiße Verwandte hat, läßt sich diese Erwägung allerdings nicht gegen eine rassistische Einstellung geltend machen. Wir können den Gesichtspunkt natürlicher Verbundenheit jedoch mit einer gewissen Pausibilität erweitern. Daß M altruistische Interessen im verwandtschaftlichen Nahbereich hat, schließt nämlich nicht aus, daß er derartige Interessen auch gegenüber Freunden und näheren Bekannten hat, die natürlich sowohl einer anderen Rasse wie auch dem anderen Geschlecht angehören können.

Ja, es ist nicht ausgeschlossen, daß M sogar ein *gewisses*, wenngleich abgeschwächtes altruistisches Interesse am Wohlergehen ihm fernstehender Andersrassiger oder Frauen hat, daß ihm deren Wohlergehen also nicht vollkommen gleichgültig ist. Dies könnte dann bedeuten, daß selbst die unmittelbaren persönlichen Vorteile, die er als weißer Mann aus der jeweiligen Diskriminierung zieht, ihm den Preis der damit verbundenen Nachteile für die Betroffenen nicht wert sind. Natürlich kann eine solche Einstellung von Individuum zu Individuum stark variieren. Aber zumindest wird man sagen können, daß das durchschnittliche Individuum M – anders als offenbar gewisse Philosophen –

dem Interesse einer andersrassigen Frau (etwa an der Vermeidung starken Schmerzes) wahrscheinlich größeres Mitgefühl entgegenbringen wird als dem vergleichbaren Interesse beispielsweise einer Kuh.

Sicher wird dieser Gesichtspunkt natürlicher Verbundenheit mit seinen verschiedenen Facetten, der vermutlich eine biologische Basis hat, nicht bei jedem weißen Mann in gleicher Weise und in gleicher Stärke eine Rolle spielen. Wenn M etwa keinerlei weibliche Verwandte und keinerlei andersrassige Bekannte hat und im übrigen ein notorischer Egoist ist, wird diese Rolle möglicherweise gleich Null sein und die betreffenden Diskriminierungsverbote für ihn nicht begründen können. Trotzdem kann gesagt werden, daß dieser Faktor der natürlichen Verbundenheit jedenfalls für *viele* Individuen aus Ms Gruppe eine *gewisse* Rolle spielen wird und so einer Tendenz in Richtung dieser Diskriminierungsverbote förderlich sein kann. Insofern kann dieser Gesichtspunkt den folgenden Gesichtspunkt, dem nach meiner Überzeugung das entscheidende Gewicht zukommt, in seiner Wirkung jedenfalls verstärken.

2. *Der Gesichtspunkt freiwilliger Kooperation.* Andersrassige und Frauen sind nicht nur Angehörige derselben biologischen Spezies wie weiße Männer. Sie haben auch, was die Bedingungen und Möglichkeiten sozialen Zusammenlebens angeht, die gleichen natürlichen Anlagen und Fähigkeiten wie weiße Männer. Jeder Mensch, der in einer Gesellschaft lebt, ist aber – schon aus rein egoistischen Gründen – in einer vielfältigen Weise auf Kooperation mit anderen Menschen angewiesen. Ohne mannigfaltige Formen wechselseitiger Kooperation könnte in einer modernen Gesellschaft kaum jemand auch nur überleben. Die wichtigste Form der Kooperation der Mitglieder einer Gesellschaft aber besteht in der gegenseitigen Respektierung gewisser Grund- und Freiheitsrechte – wie sie in dem

Grundrechtskatalog unserer Verfassung festgeschrieben sind.

Nun könnte M zwar all dies zugestehen, aber gleichwohl einer Form der Kooperation mit Andersrassigen und Frauen das Wort reden, die den Angehörigen dieser Gruppen in manchen Bereichen nur *eingeschränkte* Grundrechte zugesteht, um so mit Seinesgleichen von der Kooperation dieser Gruppen unverhältnismäßig zu profitieren. Eine solche Einstellung provoziert jedoch sogleich die Frage: Welchen Grund haben die derart Diskriminierten ihrerseits, sich an einer *solchen* Form der Kooperation zu beteiligen? Einen Grund, dies freiwillig zu tun, haben sie angesichts ihrer grundsätzlich gleichen *Interessen* im Vergleich mit den Privilegierten sicher nicht. Die Durchsetzung der Diskriminierung im einseitigen Interesse der Privilegierten ist somit nur möglich innerhalb eines Systems der gewaltsamen sozialen Unterdrückung.

Die Institutionalisierung und Aufrechterhaltung eines solchen Systems der Unterdrückung aber kann für die Privilegierten nicht nur mit hohen Kosten verbunden sein. Ein solches System ist zumindest langfristig in seiner Stabilität auch stark gefährdert. So kann es leicht zu sozialen Unruhen und Aufständen in der Gesellschaft führen, deren Resultat letzten Endes für *alle* Beteiligten, verglichen mit den Auswirkungen eines Systems der allgemeinen Gleichberechtigung, von Nachteil ist. Es ist deshalb vom langfristigen Interessenstandpunkt sämtlicher Betroffenen leicht nachvollziehbar, daß unsere Verfassung jede öffentliche Diskriminierung nach Rasse und Geschlecht verbietet.

Man darf allerdings den folgenden Punkt nicht übersehen, der unabdingbare Voraussetzung dieses *allgemeinen* Vorteils freiwilliger Kooperation in der Gesellschaft ist. Entscheidend ist nicht die Tatsache, daß Menschen wie Andersrassige und Frauen sich von Natur aus grundsätzlich in der gleichen *Interessenlage* wie M befinden. Entscheidend ist vielmehr die Tatsache, daß Andersrassige und Frauen sich von Natur aus grundsätzlich in der gleichen *Machtposition* wie M und Seinesgleichen befinden: Die natürlichen Unterschiede zwischen den betreffenden Gruppen sind nicht so bedeutsam, daß nicht Angehörige jeder dieser Gruppen Angehörigen jeder anderen dieser Gruppen auf Dauer erheblich schaden können. Das aber bedeutet: Es drohen Vergeltungsmaßnahmen von seiten der diskriminierten Gruppe, die die Diskriminierung auch für die diskriminierende Gruppe nicht unbedingt empfehlenswert erscheinen lassen. Es ist dieser letzte Punkt, der einen prinzipiellen und eminenten Unterschied zwischen den Beziehungen der menschlichen Rassen und Geschlechter untereinander auf der einen Seite und der Beziehung Mensch-Tier auf der anderen Seite markiert: Tiere sind im Unterschied zu Menschen aufgrund ihrer natürlichen, insbesondere geistigen Fähigkeiten dem Menschen gegenüber, der sie diskriminieren will, in aller Regel *nicht* in der Position potentieller Vergelter.

Es ist gewiß zutreffend, daß auch die beiden genannten Gesichtspunkte zusammengenommen nicht in allen Gesellschaften der Vergangenheit und Gegenwart tatsächlich zu einer allgemeinen sozialen Geltung der Gleichberechtigung der Rassen und Geschlechter geführt haben. Dabei muß man jedoch bedenken, daß Menschen nicht immer die Handlungen ausführen und die sozialen Normen in Geltung setzen, die tatsächlich in ihrem *aufgeklärten* – egoistischen oder altruistischen – Interesse liegen (vgl. auch S. 64 f.). Menschen handeln häufig irrational und tun Dinge, die ihren eigenen aufgeklärten Interessen durchaus zuwiderlaufen. In diesem Zusammenhang haben bei den Einstellungen des Rassismus und Sexismus in der Geschichte eine besondere Rolle stets Weltanschauungen und Ideologien gespielt. Auf diese Weise konnten nämlich solche Annahmen über die natürlichen Anlagen und Fähigkeiten fremder Rassen sowie des weiblichen Geschlechts die moralische Einstellung ganzer Gesellschaften prägen, von denen heute allgemein bekannt ist, daß es sich dabei um Mythen handelt, die einem realitätsgerechten Bild der menschlichen Spezies nicht entsprechen. (Wie enorm wichtig auch für die Tierethik ein realitätsgerechtes Bild des Tieres ist, werden wir in Kapitel 5 noch sehen.)

Nach alledem ist jedenfalls die Annahme unberechtigt, daß wir ohne die Akzeptanz von Singers Prinzip der gleichen Interessenberücksichtigung aller fühlenden Wesen keinen guten Grund haben, bestimmte Menschengruppen diskriminierende Praktiken wie Rassismus und Sexismus moralisch abzulehnen. Daß wir – in sozialmoralischer und rechtlicher Hinsicht – alle Menschen gleich behandeln, zwingt uns also in keiner Weise dazu, auch alle *fühlenden Wesen* gleich zu behandeln. Wie wir sahen, stehen andere Menschen uns nun einmal in mehrfacher Hinsicht näher als Tiere. Es gibt keinen rational zwingenden Grund für uns, etwa den Schmerz eines Menschen und den gleich starken Schmerz eines Tieres moralisch in gleicher Weise zu berücksichtigen.

Insofern ist es – entgegen der Auffassung Singers – auch durchaus begründet, selbst Kinder und geistig zurückgebliebene Menschen im Vergleich zu Tieren zu privilegieren. Denn auch diesen menschlichen Individuen gegenüber greift ja der Gesichtspunkt natürlicher Verbundenheit. Und was den Gesichtspunkt freiwilliger Kooperation angeht, so ist folgendes zu bedenken. Zwar sind Kinder und geistig zurückgebliebene Menschen in der Regel dem normalen Erwachsenen gegenüber – ebenso wie Tiere – selbst nicht in der Position potentieller Vergelter. Die allermeisten dieser Individuen werden jedoch jeweils mit *be-*

stimmten Erwachsenen im verwandtschaftlichen Nahbereich eng verbunden sein; und diese Erwachsenen werden im jeweiligen Fall die Interessen *dieser* Individuen jedenfalls aus Altruismus auch geschützt wissen wollen: Nur dadurch, daß ich in Kooperation mit meinen Mitmenschen festlege, daß *alle* Kinder *stets* wie Menschen – und nicht wie Tiere oder schlechter noch als diese – behandelt werden, besitze ich eine Garantie dafür, daß auch *meine* Kinder dementsprechend behandelt werden. Außerdem wäre es in der Praxis viel zu unsicher und riskant, etwa in jedem Einzelfall eines geistig zurückgebliebenen Menschen gesondert zu prüfen, ob dieser Mensch, was seine faktischen Fähigkeiten angeht, manchen Tieren vielleicht unterlegen ist oder nicht. Soweit es um so gravierende Eingriffe wie die Nutzung von Individuen für Experimente geht, gibt es zu der Devise, Menschen *jeder* Art als Menschen zu behandeln und Mäuse andererseits als Mäuse, keine vernünftige Alternative.

5. «Altruismus» gegenüber dem Tier

Das Ergebnis unserer bisherigen Untersuchung lautet: Es gibt weder dem Menschengeschlecht vorgegebene, objektive Moralnormen, die uns zum Tierschutz verpflichten könnten; noch läßt sich aus jenen Moralnormen, die wir in bezug auf andere *Menschen* de facto alle akzeptieren, bei konsequenter Betrachtung eine moralische Verpflichtung in bezug auf *Tiere* ableiten. Kann es also für uns überhaupt keinen guten Grund geben, irgendwelche Normen in unserer Sozialmoral und Rechtsordnung zum Zweck des Tierschutzes zur Geltung zu bringen und zu akzeptieren?

Ich möchte nunmehr näher zeigen, daß es einen solchen Grund durchaus geben kann und daß dieser Grund zudem zu beachtlichen Formen des Tierschutzes in der Praxis führen kann. Der Grund liegt darin, daß der Mensch von Natur aus in der Lage dazu ist, außer egoistischen Interessen auch altruistische Interessen zu haben bzw. zu entwickeln (vgl. schon S. 53). Wieso läßt sich unter dieser Voraussetzung die Forderung nach einem Tierschutz möglicherweise begründen?

Während ein egoistisches Interesse am eigenen Wohl des Interessenträgers orientiert ist, zielt ein altruistisches Interesse auf das Wohl bzw. die Interessenbefriedigung eines anderen. Dieser andere kann dabei im Prinzip jedes andere empfindungsfähige oder fühlende Wesen sein, das als ein solches Wesen begriffsnotwendig so etwas wie ein Wohl und Wehe, also ein mehr oder weniger gutes, angenehmes, schönes, glückliches, erfülltes Leben hat. Der Begriff des Altruismus wird hier also in einem *weiteren* Sinn verstanden, als wenn er ausschließlich die Förderung des Wohls anderer *Menschen* zum Inhalt hat. Denn auch Tiere sind, sofern empfindungsfähig, Lebewesen mit Interessen – mit Interessen, die wir Menschen diesen Tieren zuliebe berücksichtigen können und nicht selten auch in einem gewissen Maß berücksichtigen. Es ist zweckmäßig, generell drei Typen von Individuen zu unterscheiden, in bezug auf die wir Menschen altruistische Interessen oder Einstellungen haben können: andere Menschen im Nahbereich, andere Menschen im Fernbereich und Tiere.

Menschen im Nahbereich sind Menschen, mit denen man verwandtschaftlich oder freundschaftlich eng verbunden ist. Es dürfte kaum jemanden geben, der nicht solche Menschen ohne weiteres benennen kann und der nicht auch altruistische Interessen am Wohlergehen jedenfalls einiger dieser Menschen hat. Menschen im Fernbereich andererseits sind Menschen, zu denen man *nicht* eine dieser Nahbereichsbeziehungen hat. Unter «Tieren» schließlich sollen hier wie auch im folgenden nur jene Tiere verstanden werden, die aufgrund ihrer biologischen Ausstattung gleichzeitig fühlende Wesen sind. Denn diese Tiere, die empfindungsfähig sind und leiden können, sind es, die im Zentrum tierethischer Überlegungen stehen.

Ohne Zweifel haben die allermeisten Menschen relativ starke altruistische Interessen in bezug auf andere Menschen im Nahbereich: Kaum jemandem ist das Schicksal etwa seines eigenen Sohnes oder seiner Mutter gleichgültig. Weniger stark sind gewöhnlich unsere altruistischen Interessen in bezug auf andere Menschen im Fernbereich. Trotzdem wäre es ein Fehler anzunehmen, daß solche Interessen beim Durchschnittsmenschen keine Rolle spielen. Jeder halbwegs normale Mensch, der beispielsweise im

Fernsehen Opfer eines Erdbebens sieht, hat den Wunsch oder das Interesse, daß nicht ein weiteres Erdbeben erneut derartige Opfer fordert. Nun mißt sich die Stärke eines altruistischen Interesses, das jemand hat, natürlich weniger an der Intensität seines entsprechenden «frommen Wunsches» als vielmehr daran, ob und inwieweit er unter Umständen auch dazu bereit ist, zur Realisierung dieses altruistischen Interesses auf die Realisierung eines egoistischen Interesses zu verzichten. Wie steht es normalerweise um diese Bereitschaft?

Im Nahbereich ist diese Bereitschaft sicher in hohem Maß vorhanden. Welche Mutter würde nicht auf eine Urlaubsreise verzichten, wenn sie ohne das gesparte Geld nicht ihr schwerkrankes Kind behandeln lassen könnte? Ja, es gibt Eltern, die ihr eigenes Leben aufs Spiel setzen, um das Leben ihrer Kinder zu retten. Und würde nicht manch reicher Unternehmer sein Urlaubsdomizil auf Mallorca seinem verarmten Freund auch kostenlos eine Zeitlang zur Verfügung stellen?

Im Fernbereich ist die Bereitschaft zum Altruismus sicher weit weniger ausgeprägt. Wohl kaum jemanden wird beispielsweise das Schicksal einer ihm unbekannten, kranken Frau ebenso stark berühren und zum Handeln motivieren wie das Schicksal seiner kranken Mutter. Trotzdem wird der eine oder andere Arzt der kranken Frau auch kostenlos medizinische Hilfe leisten, sofern sie ohne finanzielle Mittel ist.

Nicht selten kommt unser Altruismus gerade im Fernbereich aus einem ganz bestimmten Grund nicht zu seiner möglichen Entfaltung: Entweder fehlt uns eine umfassende Kenntnis der relevanten Fakten des betreffenden Falles; oder wir versäumen es, uns den Fall in seinen relevanten Aspekten in aller Deutlichkeit zu vergegenwärtigen. Ein Beispiel: A ist interessiert, während einer Indienreise einen handgeknüpften, sehr preisgünstigen Teppich zu erwerben. Als er jedoch erfährt, daß derartige Teppiche von Kindern unter ausbeuterischen Bedingungen hergestellt werden, und sich zudem von diesen Bedingungen vor Ort ein lebendiges Bild macht, verzichtet er auf den gewünschten Kauf, um diese Ausbeutung von Kindern nicht zu unterstützen.

Zwar wird gewiß nicht *jeder* in dieser Situation wie A reagieren. Das Beispiel dürfte aber gut verdeutlichen, wie sehr ein altruistisches Verhalten, das Menschen in einem solchen Fall jedenfalls zeigen *können*, tatsächlich von ihrer Kenntnis und Vergegenwärtigung der *relevanten Fakten* abhängt. Denn ohne diese Kenntnis hätte A ja von vornherein gar keinen Grund gehabt, auf den für ihn günstigen Kauf zu verzichten; und ohne As deutliche und lebhafte Vergegenwärtigung (wenn nicht in der Realität, so mindestens in der Vorstellung) von diesen Fakten wäre die altruistische Motivation in ihm wohl kaum stark genug gewesen, um auch sein Handeln zu bestimmen.

Im Rahmen der Fragestellung des vorigen Kapitels sahen wir folgendes: Jene altruistischen Interessen, die wir Menschen nicht selten in bezug auf andere Menschen im Nahbereich sowie im Fernbereich haben, tragen mit dazu bei, daß wir Diskriminierungen anderer Menschen etwa nach Rasse und Geschlecht ablehnen. Die entscheidende Rolle in diesem Zusammenhang spielt jedoch, wie gezeigt, weniger der betreffende altruistische Gesichtspunkt der «natürlichen Verbundenheit» als vielmehr der egoistische Gesichtspunkt der «freiwilligen Kooperation». Da der letztere Gesichtspunkt aber, wie ausgeführt, unser Verhalten gegenüber Tieren nicht zu beeinflussen vermag, kann sich unsere moralische Rücksichtnahme gegenüber *Tieren* allein auf existente altruistische Interessen am Wohl der Tiere stützen.

Damit sind wir bei der einzig möglichen Basis ethischer Begründung für die Forderung nach einem Tierschutz in Sozialmoral und Rechtsordnung angelangt: einer Einstellung des Altruismus gegenüber Tieren, die wir auch als «Tieraltruismus» bezeichen wollen. Die Kernfrage angewandter Tierethik, auf die wir im folgenden eine Antwort suchen wollen, lautet also: Zu welchen Formen und zu welchem Ausmaß eines Tierschutzes sind wir aufgrund einer Einstellung des Tieraltruismus tatsächlich bereit? Inwieweit sind unsere altruistischen Interessen in bezug auf Tiere stark genug, um im Konfliktfall unsere egoistischen Interessen (und unter Umständen auch unsere altruistischen Interessen in bezug auf andere Menschen) zu überwiegen und aus dem Feld zu schlagen?

Wie wir im vorigen Kapitel sahen, ist der Tieraltruismus des Normalbürgers offenbar nicht stark genug, um so etwas wie ein Prinzip der Gleichbehandlung von Tier und Mensch bzw. ein Verbot jeglicher Diskriminierung von Tieren im Vergleich mit Menschen zu begründen. Das bedeutet jedoch keineswegs, daß tieraltruistische Interessen nicht durchaus gewisse Forderungen zum Schutz von Tieren als begründet erweisen könnten, die von weitreichender sozialmoralischer und rechtlicher Bedeutung sind.

Bevor wir diese Forderungen in den folgenden Kapiteln zu identifizieren suchen, müssen wir uns, um Mißverständnisse zu vermeiden, die genaue Tragweite des hier zugrunde gelegten, interessenfundierten Ansatzes einer Moralbegründung klarmachen. Nach diesem Ansatz kann eine moralische Norm oder Forderung immer nur vom subjektiven Interessenstandpunkt eines bestimmten Individuums aus begründet sein. Daß es insofern also keine *objektive* Form der Moralbegründung gibt, schließt jedoch nicht aus, daß gewisse Moralnormen (mehr oder weniger weitgehend) *inter*subjektiv, das heißt vom Interessenstandpunkt vieler, der meisten oder sogar aller Individuen aus begründet sind (vgl. auch S. 38). Die zur Normbegründung führenden Interessen der betreffenden Individuen können dabei im Prinzip ebenso altruistischer wie egoistischer Natur sein.

So gesehen, können wir die Frage nach der Begründungsmöglichkeit von Normen des Tierschutzes wie folgt formulieren: Gibt es Individuen, von deren altruistischem Interessenstandpunkt aus gewisse Normen des Tierschutzes begründet sind? Und ist außerdem in unserer Gesellschaft (und möglicherweise ebenso in anderen Gesellschaften) die Anzahl solcher Individuen hinreichend groß, so daß die betreffenden Normen eine gute Chance haben, in die geltende Sozialmoral wie in die Rechtsordnung der betreffenden Gesellschaft aufgenommen zu werden? Genau um diese beiden Fragen geht es, wenn wir in den folgenden Kapiteln erörtern wollen, ob gewisse Normen des Tierschutzes *hinreichend intersubjektiv begründet* sind.

Es ist in diesem Zusammenhang von zentraler Bedeutung, daß man den Begriff des *Interesses*, von dem jede Begründung dieser Art ihren Ausgang nimmt, in einem bestimmten Sinn versteht, indem man ihn mit gewissen *Rationalitätsbedingungen* verknüpft. Ich verwende den Begriff in dieser Abhandlung wie folgt. A hat ein Interesse an Norm n dann, wenn A unter den folgenden Bedingungen die soziale Geltung von n wünscht: 1. A ist urteilsfähig und über alle für seinen Wunsch relevanten Fakten informiert. 2. A vergegenwärtigt sich diese relevanten Fakten in aller Deutlichkeit. Nach der von mir für zweckmäßig gehaltenen Begriffsverwendung hat A ein Interesse an Norm n aber außerdem auch dann, wenn A, sofern die beiden Bedingungen tatsächlich *nicht* erfüllt sind, die soziale Geltung von n gleichwohl wünschen *würde*, falls diese Bedingungen erfüllt wären.

Ein Beispiel zur Erläuterung: A hat ein Interesse am Verbot der Ausbeutung von Kindern in Indien sicher dann, wenn er über die Ausbeutung informiert ist und das Verbot wünscht. A hat dieses Interesse möglicherweise aber auch dann, wenn er über die Ausbeutung *nicht* informiert ist und deshalb auch das Verbot nicht wünschen kann. Daß er in diesem Fall tatsächlich das Interesse hat, setzt jedoch voraus, daß er den entsprechenden Wunsch, sofern er informiert *wäre,* auch wirklich *hätte.* Der Wunsch ist insofern ein hypothetischer Wunsch. Ob A den hypothetischen Wunsch nach dem genannten Verbot hat (also eben diesen tatsächlichen Wunsch hätte), läßt sich unter Umständen aus seinen bisherigen Einstellungen und Äußerungen zu vergleichbaren Fragen mit einer gewissen Wahrscheinlichkeit entnehmen. Natürlich wird es nicht selten der Fall sein, daß wir gar nicht sagen können, ob jemand in diesem Sinn ein bestimmtes Interesse hat oder nicht hat – solange 1. die genannten Rationalitätsbedingungen bei ihm nicht wirklich vorliegen und 2. er sich unter diesen Bedingungen nicht tatsächlich zu der betreffenden Frage äußert.

Zusammengefaßt läßt sich der Begriff des Interesses im Zusammenhang mit einer Norm n also wie folgt bestimmen: Dann und nur dann, wenn A unter Rationalitätsbedingungen entweder den tatsächlichen oder jedenfalls den hypothetischen Wunsch nach Geltung von n hat, hat A auch ein Interesse, nämlich ein *aufgeklärtes* Interesse an n.[20] Und das bedeutet dann gleichzeitig, daß n für A auch subjektiv begründet ist.

Wie unverzichtbar gerade das Vorliegen der Rationalitätsbedingungen für die Feststellung dessen ist, was tatsächlich im Interesse eines Menschen liegt, wurde schon an früherer Stelle, an der es um Pflichten in bezug auf andere Menschen ging, auf intuitive Weise deutlich (S. 61 f.). Im Rahmen der Tierethik aber ist der Hinweis auf diese Bedingungen von ganz besonderer Bedeutung und Tragweite. Das liegt zum einen daran, daß ein Mensch gewöhnlich die

Voraussetzungen des Wohls der Angehörigen der verschiedenen Tierarten viel schlechter kennt und beurteilen kann als die Voraussetzungen des Wohls seiner Mitmenschen, daß er insoweit also häufig auf besondere Informationen aus dem Munde von Experten angewiesen ist. Und es liegt zum anderen daran, daß es dem Menschen gewöhnlich auch viel schwerer fällt, sich zum Zweck der deutlichen Vergegenwärtigung der zu beurteilenden Situation empathisch in den Bewußtseinszustand eines Tieres hineinzuversetzen als in den Bewußtseinszustand eines anderen Menschen.

Wir können die Wichtigkeit dieser beiden Bedingungen für die Tierethik auch dadurch zum Ausdruck bringen, daß wir sagen: Man kann seine wahren altruistischen Interessen in bezug auf Tiere erst dann abfragen und sich für oder gegen bestimmte Normen des Tierschutzes rational entscheiden, nachdem man sich ein realitätsgerechtes Bild der betroffenen Tiere und ihrer Situation verschafft und deutlich vor Augen geführt hat. Die folgenden Ausführungen sollen zeigen, was mit dieser Aussage näher gemeint ist.

Eine lange Zeit war in Europa eine auf den Philosophen Descartes zurückgehende Meinung weitverbreitet, wonach Tiere seelenlose Automaten ohne jedes Bewußtsein sind. Unter dieser Voraussetzung können Tiere natürlich weder ein Wohl noch irgendwelche Interessen haben; für einen Tieraltruismus des Menschen fehlt damit von vornherein jede Basis. Heute wissen wir, daß diese Voraussetzung unzutreffend und mit einem realitätsgerechten Bild des Tieres unvereinbar ist. Von einem Menschen, der heute jedes Verbot der Tierquälerei mit der Begründung für überflüssig erklärt, Tiere könnten nichts empfinden, sollten wir deshalb *nicht* sagen, ein solches Verbot liege gar nicht in seinem Interesse. Und von jemandem, der gewisse Formen des Tiertransports nicht verboten wissen möchte, weil er sich die Leiden der betroffenen Tiere – obschon über diese Leiden durch die Medien informiert – nicht mit allen Konsequenzen deutlich vergegenwärtigt, sollten wir ebenfalls *nicht* sagen, dieses Verbot liege nicht in seinem Interesse. Damit wir andererseits positiv behaupten können, daß die genannten Verbote im Interesse des Individuums A liegen, ist und bleibt natürlich die Voraussetzung unverzichtbar, daß A, falls die Rationalitätsbedingungen bei ihm erfüllt sind, auch tatsächlich die entsprechende tieraltruistische Einstellung hat.

Hier ein konkretes Beispiel dafür, wie sehr der Normalbürger für den Inhalt seiner moralischen Forderungen im Bereich des Tierschutzes unter Umständen auf ausgesprochenes Expertenwissen angewiesen ist: Soll es erlaubt sein, mit Tieren wie etwa Schlangen oder Fischen nach Belieben zu verfahren? Wohl kaum jemand würde diese Frage bejahen wollen, wenn er davon ausginge, daß diese Tiere in vergleichbarer Weise wie Hunde oder Katzen leiden können. Können sie aber überhaupt in irgendeiner Weise leiden? Und, wenn ja, wie sehen die Formen und die genauen Voraussetzungen dieses Leidens aus? Nur der Biologe oder der Verhaltensforscher kann diese Fragen einigermaßen kompetent beantworten. Wie schwierig aber muß es für den Normalbürger, obschon im Besitz einer solchen Antwort, gleichwohl sein, sich in solche Tiere und ihr spezifisches Leiden auch hineinzuversetzen!

In den bisherigen Überlegungen zum Tieraltruismus ging es ausschließlich um *empirische* Aspekte (wie die Leidensfähigkeit) eines realitätsgerechtes Tierbildes. Aber auch Voraussetzungen *metaphysischer* (einschließlich religiöser), also außerempirischer Art können prinzipiell in die Bildung menschlicher Interessen bzw. Forderungen in bezug auf Tiere eingehen. Besonders prominente und einflußreiche Beispiele hierfür haben wir in den Kapiteln 1 bis 3 dieses

Buches kennengelernt. Sämtliche der dort behandelten Voraussetzungen dieser Art erwiesen sich dabei als nicht hinreichend begründbar. Das schließt zwar nicht aus, daß sich andere metaphysische Voraussetzungen als die dort behandelten insoweit als erfolgreicher erweisen könnten. Trotzdem lassen unsere Resultate eine generelle Skepsis als angebracht erscheinen: Bislang jedenfalls scheint es noch niemandem gelungen zu sein, ein Bild des Tieres in einem metaphysischen Rahmen zu entwerfen, der eine für jeden rationalen Betrachter verbindliche Überzeugungskraft beanspruchen kann.

Es gibt insofern für den heutigen Menschen kein realitätsgerechtes Bild des Tieres, das sich nicht in dem gegenwärtigen Kenntnisstand der empirischen Wissenschaften über das Tier erschöpft. Wenn dies zutrifft, dann können aber auch moralische Forderungen von Individuen bezüglich des Tierschutzes, die wesentlich auf außerempirischen Voraussetzungen basieren, nicht als Ausdruck der *Interessen* dieser Individuen betrachtet werden. Mit dieser Feststellung vereinbar ist es allerdings, daß eine Tierschutzforderung des A, die er auf eine außerempirische Voraussetzung stützt, trotzdem dann in As Interesse liegt, wenn A dieselbe Forderung unter den oben (S. 64) genannten Rationalitätsbedingungen ebenfalls erheben würde.

Nach der hier vertretenen ethischen Sichtweise steht es jedermann frei, auf der Basis eines realitätsgerechten Bildes des Tieres seine eigenen Interessen bzw. moralischen Forderungen in bezug auf Tiere und ihren Schutz zu bilden und zu formulieren. Dies könnte im Ergebnis natürlich zu einem hohen Maß an Relativismus führen, was die Moral des Tierschutzes in der Bevölkerung betrifft. Es könnte der Fall sein, daß es überhaupt keine Moralnormen des Tierschutzes gibt, die im oben (S. 64) erläuterten Sinn des Wortes «hinreichend intersubjektiv begründet» sind. Ein solches Ergebnis steht jedoch mit unserer Alltagserfahrung in Sachen Tierschutz nicht in Einklang. Es herrscht nämlich im Tierschutz nicht nur in wesentlichen Fragen ein weitgehender moralischer Konsens in unserer Gesellschaft. Es läßt sich außerdem in vielen Fällen eines tatsächlich bestehenden moralischen Dissenses überzeugend dartun, daß dieser Dissens gerade darauf beruht, daß nicht alle befragten Individuen sich bei ihrer Entscheidung ein realitätsgerechtes Bild des Tieres und seiner Situation deutlich vor Augen geführt haben, daß also trotz dieses Dissenses der tatsächlich vertretenen Normen eine Übereinstimmung in den eigentlichen *Interessen* vorliegt. So sind manche Menschen beispielsweise nur deshalb herzlos zu Schweinen, weil ihnen nicht klar ist, daß zwischen Schweinen und Katzen, was Interessen und Leidensfähigkeit dieser Tiere angeht, kein wesentlicher Unterschied besteht.

Nach alledem kann man die praktische Bedeutung einer umfassenden Aufklärung der Menschen über die Tiere und ihr artspezifisches Wohl und Wehe sowie einer eindringlichen Vergegenwärtigung der betreffenden Fakten für die Gestaltung des Tierschutzes in Sozialmoral und Rechtsordnung kaum überschätzen.

Im folgenden werde ich – auf einer sehr allgemeinen Ebene – einige moralische Normen für den Tierschutz formulieren, die meinen eigenen Interessen (altruistischer Art) entsprechen. Es sei jedem einzelnen Leser überlassen sich zu fragen, ob und inwieweit er selber auf der Basis *seiner* entsprechenden Interessen diesen Normen zustimmen kann, und außerdem sich Gedanken darüber zu machen, ob und inwieweit diese Normen auf dem Hintergrund seiner Menschenkenntnis sogar als hinreichend *intersubjektiv* begründet in Betracht kommen. Dabei kann ein Blick in unser Tierschutzgesetz ihm zeigen, ob diese Normen derzeit auch *rechtlich* in Geltung sind.

6. Das Töten von Tieren

Beginnen wir mit der Frage der Zulassung des Tötens von Tieren. Der wichtigste Aspekt dieser Frage betrifft natürlich das Töten von Tieren zum Zweck des Fleischverzehrs. Gegen ein Verbot dieser Praxis spricht aus meiner Einstellung, daß ich selbst und viele andere Menschen gern Fleisch essen. Für ein Verbot könnte sprechen, daß durch diese Praxis Tiere am Weiterleben gehindert und damit Überlebensinteressen von Tierindividuen massiv verletzt werden, die ich geschützt wissen möchte. Nicht zufällig betrachten wir im Bereich der Moralnormen zum Schutz des *Menschen* ja alle die Tötung als die schlimmste der Übeltaten. Nun unterliege ich zwar keinem moralischen Gebot, Tier und Mensch, selbst insoweit beide die gleichen Interessen haben, auch *gleich zu behandeln* (wie wir in Kapitel 4 im einzelnen sahen). Das schließt aber nicht aus, daß eine Gleichheit der Interessen, soweit vorhanden, meine moralische Einstellung zu Tieren möglicherweise doch erheblich beeinflußt. So könnte diese Gleichheit im vorliegenden Fall zu dem Ergebnis führen, daß mir eventuelle Tierinteressen am Überleben jedenfalls wichtiger sind als mein egoistisches Interesse am Fleischverzehr.

Kann die Tötung eines Tieres aber als Interessenverletzung eines fühlenden Wesens gelten, und ist sie insofern der Tötung eines Menschen vergleichbar? Dies wird von nicht wenigen Leuten behauptet, die aus diesem Grund für eine Pflicht zu vegetarischer Ernährung eintreten. So bezeichnet etwa ein bekannter Tierrechtler jeden, der ein Tier tötet, um es zu essen, als einen «Mörder» und kommt zu dem Schluß, «daß die Parallelen zwischen der Behandlung der Juden durch die Nazis und unserer heutigen Behandlung der Tiere buchstäblich *lückenlos* sind».[21]

Selbst wenn man einmal davon absieht, daß der Judenmord durch die Nationalsozialisten – anders als die Tötung von Tieren zum Fleischverzehr – überhaupt keinem rational nachvollziehbaren Zweck diente: Die Geichstellung der Tötung von Mensch und Tier übersieht einen ganz wesentlichen Unterschied zwischen menschlichem und tierischem Bewußtsein. Tiere – wie etwa Schweine und Rinder, aber auch Hunde und Katzen – erfahren ihr bewußtes Leben ausschließlich im Jetzt der Gegenwart. Sie haben allenfalls Wünsche (wie den Wunsch nach Nahrung) für die *unmittelbare* Zukunft, aber keine Absichten, Pläne, Projekte für eine *weitere* Zukunft. Das liegt daran, daß ihnen so etwas wie ein *Ichbewußtsein* fehlt: Sie haben nicht die Fähigkeit, sich selbst als im Zeitablauf identische Individuen mit eigener Vergangenheit und Zukunft zu erfahren. Daran ändert auch die Tatsache nichts, daß sie zu Verhaltensweisen fähig sind, die bei objektiver Betrachtung einen gewissen *Bezug* zu der eigenen Vergangenheit oder Zukunft haben. Daß ein Lebewesen durch vergangene Erlebnisse und durch zukunftsgerichtete Instinkte in seinem Verhalten bestimmt wird, besagt nicht, daß dieses Lebewesen sich vergangene oder künftige Erlebnisse auch bewußt als eigene Erlebnisse vergegenwärtigt.

Tiere ohne Ichbewußtsein *können* gar nicht so etwas wie zukunftsbezogene Wünsche, das heißt Wünsche hinsichtlich eigener zukünftiger Erlebnisse haben. Und da sie keine derartigen Wünsche haben, haben sie im Unterschied zum Menschen eben auch kein *Überlebensinteresse*, das durch ihre Tötung verletzt werden könnte. Damit aber fehlt bereits eine notwendige Voraussetzung dafür, aus Altruismus zugunsten tierischer ähnlich wie zugunsten menschlicher Individuen für ein strikt verstandenes Tötungsverbot zu plädieren.[22] Jemand, der Tieren – nicht anders als Menschen – das zu einem solchen Verbot führende Recht auf Leben zusprechen möchte, projiziert in der Regel unberechtigterweise die Erfahrungen seines eigenen Innenlebens ohne weiteres in das Tierbewußtsein hinein.

Mit dieser Ablehnung eines Tierrechtes auf Leben vereinbar jedoch ist es, daß ich das Leben von Tieren durchaus wertschätze. Diese Wertschätzung beruht – abgesehen von ästhetischen Gründen – darauf, daß ich mich in die Befriedigung, die empfindungsfähige Wesen mit einem für sie erfreulichen Leben kontinuierlich in der von ihnen erlebten Gegenwart erfahren, hineinversetze und diese Befriedigung fördern möchte (vgl. auch S. 38). So schätze ich es etwa in hohem Maße, daß seit Jahren eine Katze in meiner Obhut ein offenbar für sie schönes Leben genießt.

Sofern ich dazu bereit bin, aus dieser Wertschätzung auch Konsequenzen für mein Verhalten in bezug auf fühlende Wesen und ihr Leben zu ziehen, bildet auch diese Wertschätzung ein Element meines Tieraltruismus. Ziel meiner altruistischen Einstellung ist hier allerdings nicht das Unterbleiben der Verletzung *bereits existierender* tierischer Interessen (wie im Fall meiner Ablehnung von tierquälerischen Handlungen), sondern die Förderung der Entstehung und der nachfolgenden Befriedigung *neuer,* nämlich zukünftiger tierischer Interessen.

Man kann die Entstehung neuer tierischer Interessen grundsätzlich auf zweierlei Art fördern: durch ein Tun und durch ein Unterlassen, nämlich durch die Erzeugung neuer Tiere und durch den Verzicht auf die Tötung existenter Tiere. Eine moralische Forderung zur Erzeugung neuer Tiere möchte ich aus meinem Tieraltruismus mit Sicherheit *nicht* ableiten. Ich akzeptiere ja – wie die meisten meiner Mitmenschen – nicht einmal ein Zeugungsgebot neuer Menschen.

Anders jedoch sieht die Sache aus, was das Töten von Tieren angeht. Denn diese Tiere existieren ja bereits; und eine Unterlassungspflicht, ein existentes Tier nicht zu töten, ist in der Regel ungleich weniger fordernd und belastend als eine Handlungspflicht, ein neues Tier zu erzeugen. Dabei läßt es sich ja nicht leugnen, daß dadurch, daß ein bestimmtes existentes Tier getötet wird, jener Wert, den alles empfindungsfähige tierische Leben als solches für mich hat, in seiner Gesamtheit gemindert wird.

Insoweit sind jedoch die Konsequenzen meiner tier-altruistischen Einstellung noch immer sehr unbestimmt. Es gibt nämlich eine Vielzahl von Konstellationen, in denen mein besagtes Interesse, daß Tiere nicht getötet werden, mit meinen egoistischen Interessen (sowie mit meinen altruistischen Interessen in bezug auf andere Menschen) in Konflikt geraten kann. Die Frage, mit der ich in diesem Zusammenhang konfrontiert bin, lautet also: In welchen Konstellationen dieser Art bin ich bereit, meinem tier-altruistischen Interesse Vorrang einzuräumen?

Mit Sicherheit bin ich prinzipiell bereit, dies dann zu tun, wenn mein entgegenstehender egoistischer Wunsch sich entweder als wenig aufgeklärt erweist (und insofern mit einem echten «Interesse» gar nicht identisch ist) oder wenn dieser Wunsch als solcher nur ein vergleichsweise geringes Gewicht hat. So würde ich es beispielsweise ablehnen, bloß um meine Treffsicherheit mit einem Jagdgewehr zu testen, auf Eichhörnchen in meinem Garten zu schießen.

Die wirklich ernsthaften Interessenkonflikte sind allerdings anderer Art. Sie betreffen in allererster Linie das Töten von Tieren zum Fleischverzehr, aber auch das Töten von Tieren etwa zur Pelzgewinnung oder im Zuge medizinischer Versuche. Ist mir der Wert tierischen Lebens wichtiger als der Wert, den derartige Zwecke für mich haben?

Wie stehe ich insbesondere zum Töten von Tieren zum Fleischverzehr? Um mein hier im Spiel befindliches egoistisches Interesse rational abwägen zu können, muß ich mich nicht etwa nur fragen, welchen *Genuß* mir der Fleischverzehr bereitet. Ich muß außerdem auch darüber informiert sein, wie sich der Fleischverzehr (ein massiver ebenso wie ein moderater Fleischverzehr) auf meine *Gesundheit* auswirkt. Denn ich habe natürlich außer am Genuß meiner Nahrung auch an meiner Gesundheit ein egoistisches Interesse. Die Gesundheitsfrage aber ist offenbar eine Expertenfrage; nach meinem Wissensstand hat jedenfalls ein moderater Fleischverzehr eher positive gesundheitliche Auswirkungen.

Glücklicherweise brauche ich jedoch die eigentliche Abwägungsfrage zwischen altruistischem und egoistischem Interesse im Normalfall von Fleischverzehr bei genauer Betrachtung gar nicht zu beantworten! Der Grund, der von den ethischen Vegetariern regelmäßig übersehen wird und der auch manchen Leser auf den ersten Blick überraschen mag, ist der folgende: *Durch die menschliche Gewohnheit des Fleischverzehrs von Tieren wird die Quantität und damit der Gesamtwert tierischen Lebens in Wahrheit nicht etwa gemindert, sondern im Gegenteil vergrößert.* Das liegt einfach daran, daß jedenfalls in unserer heutigen Gesellschaft die allermeisten Tiere, die wir essen (wie Schweine, Rinder und Geflügel), ohne diese Gewohnheit das Licht der Welt nie erblickt hätten. Denn wir erzeugen diese Tiere ja nur deshalb, weil wir sie später essen möchten. Schon vor mehr als einhundert Jahren stellte der englische Schriftsteller Leslie Stephen in pointierter Form fest: «Das Schwein hat selbst das größte Interesse an der Nachfrage nach Speck. Wenn alle Menschen Juden wären, gäbe es keine Schweine».[23]

An dieser Stelle der Argumentation zeigt sich erneut, wie bedeutsam die Tatsache ist, daß Tierindividuen kein eigenes Überlebensinteresse im erläuterten Sinn des Wortes besitzen. Die Folge davon nämlich ist, daß der Lebenswert solcher Tierindividuen ohne weiteres gegeneinander ausgetauscht oder verrechnet werden kann. Wer zum Beispiel einen Vogel in einem Nest tötet und dadurch zwei andere Vögel in dem Nest vor dem Tod bewahrt, vermehrt dadurch den Lebenswert von Vögeln und handelt durchaus altruistisch. Und wer ein Schwein zum Fleischverzehr erzeugt und später tötet und daraufhin ein neues Schwein erzeugt, *dient* damit dem Lebenswert von Schweinen und handelt im Einklang ebenso mit seinem altruistischen wie mit seinem egoistischen Interesse. Und schließlich: Mein Beitrag zum Lebenswert von Katzen ist genau der gleiche, ob ich *eine* Katze fünfzehn Jahre oder *drei* Katzen je fünf Jahre pflege und erhalte.

All dies sähe sicher ganz anders aus, wenn jedes einzelne der genannten Tiere wie wir Menschen ein eigenes Überlebensinteresse hätte, das durch seine Tötung massiv verletzt würde – wobei eine Duldung dieser Praxis die übrigen Artgenossen auch noch in ständige Furcht versetzen könnte. Wenn die Wirklichkeit so beschaffen wäre, läge der Gedanke wohl nahe, die zitierte Sichtweise Stephens sogar als «zynisch» zu bezeichnen. Wenn es jedoch keine Tiere mit einem Überlebensinteresse gibt, brauche ich unter praktischem Aspekt die Frage auch nicht zu beantworten, ob ich es etwa tatsächlich vertretbar fände, Tierindividuen, die ebenso wie Menschen ein Überlebensinteresse haben, mit dem Argument zu erzeugen und anschließend zu töten, ein kurzes Leben sei selbst für *derartige* Tiere doch immer noch besser als kein Leben.

Trifft es aber tatsächlich auf *sämtliche* Tierarten zu, daß ihre Vertreter kein Überlebensinteresse haben? Das scheint nicht der Fall zu sein; nach neueren Untersuchungen trifft es jedenfalls auf die sogenannten «Großen Menschenaffen» nicht unbedingt zu.[24] Die unter diesem Begriff zusammengefaßten Tierarten der Schimpansen, Gorillas und Orang-Utans haben nicht nur mit dem Menschen gemeinsame biologische Vorfahren. Sie weisen auch, was ihre Fähigkeiten angeht, innerhalb des Tierreiches mit dem Menschen die größten Ähnlichkeiten auf. Im Einklang damit kann man ihnen offenbar ein *gewisses* Überlebensinteresse zusprechen: Sie besitzen ein rudimentäres Ichbewußtsein und leben nicht ausschließlich in der unmittelbaren Gegenwart. Gleichwohl scheint ihre Fähigkeit der bewußten Zukunftsplanung über die sehr nahe, in Minuten oder Stunden bemessene Zukunft nicht hinauszugehen. Das entsprechende Überlebensinteresse läßt sich deshalb, was sein Gewicht betrifft, mit dem typisch menschlichen Überlebensinteresse keinesfalls auf eine Stufe stellen. Von noch geringerem Gewicht aber als das Überlebensinteresse der Vertreter dieser Affenarten scheint das Überlebensinteresse von Tieren wie Walen und Delphinen zu sein, die, was ihre allgemeine Intelligenz betrifft, im Tierreich hinter diesen Affen anscheinend den zweiten Platz einnehmen.

Nach alledem betrachte ich das *geringfügige* Überlebensinteresse all dieser Tiere nicht als entscheidendes Argument gegen ihre Tötung. Selbst wenn ich jeden Speziesismus ablehnen würde, wäre ich angesichts des genannten Unterschiedes nicht gezwungen, diesen Tieren ebenso wie Menschen ein eigenes Lebensrecht zuzusprechen. Und auch wenn es der Fall sein sollte, daß gewisse Menschen wie Kleinstkinder oder schwer Geisteskranke ein noch geringfügigeres Überlebensinteresse als diese Tiere haben, so würde mir dies keinen hinreichenden Grund geben, meine Einstellung insoweit zu ändern. (Siehe oben S. 57f.)

An diesem Punkt unserer Überlegungen dürfen wir jedoch den folgenden Umstand nicht übersehen. Bei all diesen Tieren mit einem geringfügigen Überlebensinteresse haben wir es – sofern sie, wie Wale, überhaupt zum Fleischverzehr getötet werden – mit einer weiteren Eigenart zu tun: Die entsprechenden Tierindividuen sind *nicht* vom Menschen zum Zweck des Fleischverzehrs erzeugt worden, sondern werden von ihm als *wildlebend* in der Natur vorgefunden. Insoweit sind sie nicht vergleichbar mit Tieren wie Rindern und Schweinen, sondern gehören in eine Kategorie mit anderen wildlebenden Tieren (ohne ein Überlebensinteresse), die vom Menschen zum Fleischverzehr getötet werden: Tieren wie Kaninchen, Rehen oder Wildschweinen. All diesen wildlebenden Tieren gegenüber aber greift das obige Argument Stephens ganz offenkundig nicht; sie verdanken ihr Leben ja keineswegs dem fleischessenden Menschen. Ich stehe deshalb vor der Frage: Ist es mit meinem generellen Tieraltruismus vereinbar, daß auch diese wildlebenden Tiere zum Fleischverzehr getötet werden?

Persönlich neige ich stark dazu, diese Frage – jedenfalls für eine moderne westliche Gesellschaft – zu verneinen. Denn diese wildlebenden Tiere führen im Normalfall ein für sie erfreuliches Leben unter artgerechten Bedingungen. Durch die vorzeitige Beendung dieses Lebens, ohne daß Ersatztiere erzeugt werden, wird der Gesamtwert, den tierisches Leben für mich hat, erheblich gemindert. Wodurch könnte diese Werteinbuße für mich aufgewogen werden? Soweit gesundheitliche Gründe für einen gewissen Fleischkonsum sprechen, steht mir genügend Fleisch von nicht wildlebenden Tieren zur Verfügung. Was aber den mit Fleischverzehr verbundenen Genuß angeht, so kann ich selber auf den spezifischen Genuß von Wildfleisch gut verzichten. Und mein Altruismus gegenüber dem Gourmet, der auf den Verzehr etwa von Fleisch von Wildschweinen besonderen Wert legt, geht nicht so weit, daß ich nicht wegen meines Tieraltruismus durchaus bereit wäre, ihm dieses Fleisch – unter Ersatz durch normales Schweinefleisch – von der Speisekarte zu streichen.

Ganz entsprechend beurteile ich im übrigen den Verbrauch von Tieren zur Herstellung von Pelzen oder anderen Kleidungsstücken. Auch in diesem Fall lehne ich die Nutzung wildlebender Tiere ab. Denn auch in diesem Fall kann ich – wie die meisten normalen Menschen – mit Pelzen und Leder von eigens zu diesem Zweck bzw. zum Fleischverzehr gezüchteten Tieren sehr gut auskommen. Was schließlich Tiere angeht, die im Zuge medizinischer Versuche getötet werden, so werden die allermeisten dieser Tiere (vor allem Ratten und Mäuse) speziell zu diesem Zweck gezüchtet und fallen somit in dieselbe Kategorie wie die zum Fleischverzehr gezüchteten Tiere.

Bekanntlich werden wildlebende Tiere von Jägern nicht selten auch zum Vergnügen oder im Zuge sportlicher Betätigung getötet. Auch diese Fälle beurteile ich nicht anders als den Fall der Tötung dieser Tiere zum Fleischverzehr. Prinzipiell anders würde ich die Dinge dann beurteilen, wenn die Tötung gewisser wildlebender Tiere etwa unter Gesichtspunkten der Ökologie oder des Artenschutzes dem Lebenswert von anderen Tierindividuen oder von Menschen zugute kommt. In diesem Fall würde ich – meiner dargelegten Grundposition entsprechend – meine Einstellung im Ergebnis von einer Abwägung des Lebenswertes der betroffenen Lebewesen abhängig machen.

Schon längst wird mancher Leser zur Kernfrage dieses Kapitels den folgenden Einwand auf den Lippen haben: Das Argument von Stephen, wonach die Tötung von Tieren zum Fleischverzehr durchaus im Interesse der betroffenen Tiere liegt, ist doch absurd. Denn diese Tiere haben in Wirklichkeit, bevor sie getötet werden, alles andere als ein für sie erfreuliches Leben. Die Bedingungen der modernen Massentierhaltung sind für die Tiere ja so grausam, daß es weit besser für sie wäre, sie wären nie zum Zweck des Fleischkonsums erzeugt worden.

Die Antwort auf diesen Einwand ist im Prinzip einfach, wenngleich ihre Umsetzung in die Praxis des Tierschutzes mit einer Vielzahl von Problemen behaftet ist. Die Antwort lautet: Es besteht keinerlei *notwendige Verbindung* zwischen dem Erzeugen und Töten von Tieren zum Fleischverzehr und gewissen Bedingungen der Tierhaltung. Ebenso wie man Schlachttiere wie Schweine und Hühner unter für sie grauenhaften Bedingungen halten kann, kann man diese Tiere auch unter artgerechten Bedingungen halten, die ihnen ein durchaus angenehmes Leben sichern.

Die Frage, welche Lebensbedingungen man bei Tieren für zulässig hält, die – zum Zweck des Fleischkonsums oder zu einem anderen Zweck – gehalten werden, betrifft die Zulässigkeit des *Quälens* von Tieren. Sie wird uns im nächsten Kapitel beschäftigen. In diesem Zusammenhang werde ich dann auch auf die Problematik der Tierhaltung gerade bei Schlachttieren näher eingehen. An dieser Stelle sei jedoch nochmals in aller Deutlichkeit gesagt: Auch wenn wir zu dem Ergebnis kommen sollten, daß unser Interesse am Fleischverzehr gegenwärtig verbreitete Bedingungen der Tierhaltung nicht rechtfertigt, so folgt daraus keineswegs, daß wir auch das *Töten* von Tieren zum Fleischverzehr als solches ablehnen müssen. Ich sehe keinen Grund, etwa jemanden, der sich unter völlig artgerechten Bedingungen einige Hühner hält, die er jeweils schmerzlos schlachtet und durch neue Hühner ersetzt, in irgendeiner Weise moralisch zu tadeln.

7. Das Quälen von Tieren

Unter dem «Quälen» von Tieren soll hier jede Handlung der Zufügung von Schmerz oder Leiden einem Tier gegenüber verstanden werden, ganz unabhängig von der inneren Einstellung des Handelnden zu dem Tier und ganz unabhängig von der Frage, ob diese Handlung unter den gegebenen Umständen als moralisch zulässig erscheint. Danach «quält» also auch derjenige ein Tier, der dem Tier mit Bedauern leichte Schmerzen zufügt, weil er nur so einem verunglückten Menschen das Leben retten kann. Ob und unter welchen Voraussetzungen man das Quälen von Tieren oder die Tierquälerei für vertretbar hält, ist nach diesem Sprachgebrauch also eine zunächst völlig offene Frage.

Die Vertreter vieler Tierarten können ganz offensichtlich, ähnlich wie der Mensch, physische Schmerzen empfinden. Die Vertreter einiger Tierarten aber können nach heutigem Wissensstand, ähnlich wie der Mensch, sogar psychische Schmerzen empfinden. So leiden beispielsweise Elefantenkühe, wie sich aus ihrem Verhalten eindeutig entnehmen läßt, schwer darunter, wenn man ihnen ihre Jungen raubt. Welche Tiere unter genau welchen Umständen physisch oder psychisch leiden, ist eine Expertenfrage, die nur der Zoologe oder der Verhaltensforscher zuverlässig beantworten kann. Es gibt jedenfalls genügend allgemein bekannte Beispiele gewisser Formen der Tierhaltung (etwa von Affen zur Durchführung gewisser Versuche), bei denen kein unvoreingenommener Betrachter daran zweifeln kann, daß diese Tiere sowohl physisch als auch psychisch leiden.

Unter welchen Bedingungen bin ich bereit, das Quälen von Tieren moralisch zu billigen? Wie weit geht mein spezifischer Tieraltruismus, wenn er mit meinen sonstigen Interessen in Konflikt gerät? Selbstverständlich lehne ich das Quälen von Tieren als Selbstzweck, aus sadistischer Lust am Quälen, ab. Nur wenige Menschen, die halbwegs normal veranlagt sind, dürften in diesem Punkt anderer Meinung sein. Wie aber steht es mit dem Quälen von Tieren, das einem durchaus vernünftigen Zweck dient und zur Erreichung dieses Zweckes lediglich in Kauf genommen wird?

Es ist diese Problematik, die im Zentrum der meisten moralischen und rechtspolitischen Debatten um den Tierschutz steht. Die Interessenabwägungen, die hier unvermeidlich sind, werden selbst bei einer uneingeschränkt rationalen Betrachtungsweise, also unter Rationalitätsbedingungen (vgl. oben S. 64 ff.), kaum von allen Menschen in einer völlig übereinstimmenden Weise vorgenommen werden. Hinzu kommt, daß unter diese Problematik eine große Vielfalt von Praktiken fällt, die auf den ersten Blick recht unterschiedlicher Natur sind. Ich denke hier vor allem an überkommene Formen der Massentierhaltung oder an den Einsatz herkömmlicher Tierfallen, aber auch an Tierversuche verschiedenster Art oder an die Verwendung von Tieren zum Vergnügen der Betrachter im Zoo oder Zirkus. Trotzdem bin ich der Auffassung, daß all diese Praktiken sich letzten Endes an einem einzigen Moralprinzip messen lassen, das ich selber jedenfalls als Ausdruck meines Tieraltruismus akzeptiere und von dem ich zudem glaube, daß es unter Rationalitätsbedingungen eine gute Chance auf eine weitgehende Zustimmung hat.

Dieses Moralprinzip des Tierschutzes lautet: *Tiere dürfen dann nicht gequält werden, wenn das Tierinteresse an*

Schmerzfreiheit offenbar von größerem Gewicht als das durch die Verletzung geförderte Menscheninteresse ist. Dies ist nach meinem Verständnis dann der Fall, wenn so gut wie jeder Träger dieses Menscheninteresses für seine Person diese Gewichtung bestätigen würde, nachdem er sich in die Lage des betroffenen Tieres versetzt hat. Der Test sieht mit anderen Worten so aus: Als Betrachter, die einen Fall von Tierquälerei beurteilen wollen, stellen wir uns vor, daß jeder an dem Quälen interessierte Mensch (also gegebenenfalls auch jeder von uns) sich gleichzeitig in die Lage des betroffenen Tieres versetzt und sich dann fragt, ob er in dieser fiktiven Lage eines inneren *Konfliktes* der beiden gegensätzlichen Interessen es vorziehen würde, auf die Realisierung seines Interesses am Quälen zu verzichten. Wenn wir davon ausgehen können, daß diese Bedingung praktisch bei jeder betroffenen Testperson erfüllt ist, dann können wir in diesem Fall die Aussage machen, daß das Tierinteresse, nicht gequält zu werden, offenbar von größerem Gewicht als das durch das Quälen des Tieres geförderte Menscheninteresse ist. Und falls diese (als solche rein deskriptive) Aussage zutrifft, verbietet das von mir vorgeschlagene Moralprinzip des Tierschutzes das Quälen von Tieren.

Dieses Moralprinzip ist wegen seiner Allgemeinheit relativ abstrakt. Wir wollen uns deshalb anhand einiger für die Praxis des Tierschutzes zentraler Anwendungsfälle die folgenden Fragen stellen: Ist das genannte Testkriterium überhaupt in dem Sinn brauchbar, daß es zu einigermaßen eindeutigen Ergebnissen führt? Wenn ja, wie lauten diese Ergebnisse? Sind diese Ergebnisse für mich, den Leser des Buches, ebenso wie für den Autor unter Rationalitätsbedingungen akzeptabel? Kann ich insoweit also auch das genannte Moralprinzip des Tierschutzes für mich akzeptieren?

Beginnen wir mit dem Beispiel der herkömmlichen Massentierhaltung von Schlachttieren. Welches Menscheninteresse spricht dafür, diese Tiere ihr gesamtes Leben über auf kleinstem Raum unter physisch wie psychisch stark belastenden Bedingungen, die einer artgerechten Tierhaltung gewiß nicht entsprechen, einzusperren? Die Antwort ist offenkundig: Das Interesse an möglichst billigem Fleisch. Dieses Interesse ist als solches selbstverständlich legitim. Wiegt es aber im Sinne unseres obigen Testes die Qualen der betroffenen Tiere auf? Die Antwort scheint mir bei näherer Überlegung ein eindeutiges Nein zu sein. Ich kann mir nämlich nicht vorstellen, daß irgendein Mensch bereit wäre, sich für Monate oder gar Jahre den Qualen der Tiere auszusetzen, um sich zum Ausgleich dafür während dieser Zeit billiger Fleisch beschaffen zu können.

Vielleicht wird der eine oder andere Leser an diesem Punkt unsicher sein und wie folgt argumentieren: Der vorgeschlagene Test ist doch eigentlich sinnlos. Ein Mensch kann sich ja gar nicht in ein Tier mit seinen spezifischen Freuden und Leiden bzw. angenehmen und unangenehmen Empfindungen hineinversetzen, um das entsprechende Tierinteresse gegen sein eigenes, real vorhandenes Menscheninteresse abzuwägen.

Eine solche allgemeine Behauptung ist jedoch nicht zutreffend. Richtig ist zwar, daß die geforderte fiktive Identifikation des Menschen mit einem Tier mit Schwierigkeiten verbunden ist. Derartige Schwierigkeiten sind aber im Prinzip auch dann vorhanden, wenn ein Mensch sich in die Lage eines anderen *Menschen* hineinversetzen soll. Wie kann ich zum Beispiel das Interesse einer jungen Frau angemessen gewichten, die behauptet, zur Zeit «total verliebt» zu sein? Wie kann ich wissen, ob sie dieselbe Empfindung von demselben Gewicht hat, wie ich selbst sie hatte, als ich das letzte Mal «total verliebt» war? Weiß ich heute überhaupt noch, was ich damals genau empfand? Ja, vielleicht empfinden Männer und Frauen die Liebe ganz unterschiedlich.

Es ist verfehlt, aus derartigen Problemen *radikal skeptische* Folgerungen für unsere Möglichkeit zu ziehen, uns in andere Lebewesen hineinzuversetzen. Zumindest was so zentrale Empfindungen wie Schmerzen angeht, die jedes empfindende Lebewesen in ganz ähnlicher Weise haben kann und die wohl jeder Mensch auch schon einmal gehabt hat, ist es bei realistischer Betrachtung im Prinzip durchaus *möglich,* die Empfindungen eines anderen Lebewesens in der eigenen Vorstellung einigermaßen adäquat nachzuvollziehen und zu gewichten. Diese Möglichkeit ist auch nicht notwendig daran gebunden, daß eine sprachliche Kommunikation des Menschen mit dem anderen Lebewesen stattfindet. Abgesehen davon, daß jemand, der sich sprachlich äußert, ja auch lügen kann: Die Sprache ist nur *eine* der Möglichkeiten, innere Zustände zu äußern und damit anderen Lebewesen mitzuteilen. Der Mensch kann tatsächlich aus dem Verhalten vieler Tiere ebenso zutreffend auf ihre Schmerzen schließen wie aus dem Verhalten von Kleinkindern.

Richtig ist allerdings folgendes: Was die Feststellung und Gewichtung der Schmerzen von Tieren angeht, so sind wir insoweit in höherem Maß auf Expertenwissen angewiesen als im Fall anderer Menschen, die ja über dieselbe physiologische Ausstattung verfügen wie wir. Dieses Expertenwissen betrifft im wesentlichen zwei Aspekte. Zum einen betrifft es die Frage, inwieweit die einzelnen Tierarten überhaupt über die neurophysiologischen Voraussetzungen für ein Schmerzempfinden verfügen. Und zum anderen betrifft es die Frage, welche Schlüsse sich bei diesen Tierarten aus ihren äußeren Reaktionen auf eine Schmerzauslösung hinsichtlich Art, Intensität und Dauer der Schmerzen im einzelnen ziehen lassen. Nur solches Expertenwissen kann uns deshalb auch die Frage beantworten, worin eine – im Sinn einer Vermeidung physischer und psychischer Schmerzen verstandene – «artgerechte» Tierhaltung bei den einzelnen Tierarten genau zu erblicken ist.

Mit dieser Behauptung vereinbar ist freilich die Feststellung, daß es Beispiele moderner Massentierhaltung (man denke etwa an gewisse Legebatterien für Hennen) gibt, bei denen selbst der Laie nach sorgfältiger Beobachtung ohne weiteres zu dem Schluß berechtigt ist, daß diese Beispiele jedenfalls den Anforderungen einer artgerechten Tierhaltung *nicht* entsprechen. Andererseits jedoch wäre es sicherlich ein Fehlschluß, *jede* Form von Massentierhaltung per se als «nicht artgerecht» abzustempeln. Daß eine Vielzahl von Tieren auf einem einzigen Areal gehalten wird, bedeutet ja nicht notwendig, daß diese Tiere nicht genügend Bewegungsfreiheit besitzen oder daß sie schlecht versorgt werden.

Vom grünen Tisch des Ethikers aus detaillierte Forderungen für die Tierhaltung von Schlachttieren aufzustellen, erscheint nach alledem nicht möglich. Und ganz Entsprechendes gilt für die Gestaltung der Schlachtbedingungen für diese Tiere. Diese Bedingungen sollten nach dem bisher Gesagten jedenfalls so aussehen, daß das Töten schmerzlos und ohne eine vorhergehende längere Streßphase erfolgt. Aus der Tatsache, daß Tiere vor der Prozedur ihres Schlachtens gewöhnlich Anzeichen von Erregung und Unwohlsein zum Ausdruck bringen, wird nicht selten der Schluß gezogen, daß sie in Erwartung dessen, was ihnen bevorsteht, Todesangst empfinden. Diese Annahme ist jedoch verfehlt. Insoweit Tiere kein Überlebensinteresse haben (siehe oben S. 72), können sie auch keine eigentliche Todesangst empfinden – abgesehen davon, daß sie auch nicht die geistige Fähigkeit besitzen, aus ihrer gegenwärtigen Situation auf ihr bevorstehendes Ende zu schließen. Worunter Tiere in dieser für sie ungewohnten Situation vor dem Schlachten häufig leiden, ist ein gewisser Streß, der in vielen Fällen auch kaum vollständig vermeidbar sein dürfte. Dieses nur kurze Leiden aber wird, so meine ich, durch ihr in der Dauer viel längeres und insgesamt erfreuliches Leben (sofern unter artgerechten Bedingungen verbracht!) mehr als aufgewogen.

An dieser Stelle sei noch auf das Thema der Tiertransporte von Schlachttieren eingegangen. Der einzige Zweck dieser tagelangen tierquälerischen Transporte quer durch Europa liegt in der Kostenersparnis. Man könnte die Tiere ohne weiteres auch dort schlachten, wo sie gehalten werden, und dann das Fleisch in Kühltransportern zum Bestimmungsort schaffen. Die Problematik ist also im Kern dieselbe wie im Fall kostensparender Tierhaltung. Als wenig zielführend im Sinne eines ausreichenden Tierschutzes hat es sich bislang erwiesen, die Transportbedingungen für die Tiere durch rechtliche Vorschriften, die die Details des Transports regeln, zu verbessern. Erstens erscheinen tagelange Transporte ohne eine erhebliche Beeinträchtigung des Wohlbefindens der betroffenen Tiere gar nicht durchführbar. Und zweitens lassen sich die besagten Vorschriften – mangels ausreichender Kontrollen und Sanktionen – in der Praxis nicht zufriedenstellend durchsetzen.

Sowohl die genannten Tiertransporte als auch die herkömmlichen Formen der Massentierhaltung dürften, wie gesagt, mit meinem Moralprinzip des Tierschutzes unvereinbar sein. Die Konsequenz eines Verzichtes auf diese Praktiken ist ja nicht notwendig ein Verzicht auf jede Tierhaltung zum Zweck des Fleischkonsums. Gefordert wird lediglich die Bereitschaft, Fleisch nur noch in artgerechter Tierhaltung, verbunden mit «humanen» Transport- und Schlachtbedingungen, zu produzieren. Wie erklärt es sich dann aber, daß viele der betreffenden Praktiken, die mein Moralprinzip verbieten würde, gleichwohl in unserer Gesellschaft Usus sind? Spricht diese Tatsache nicht *dagegen,* für dieses Moralprinzip tatsächlich eine reale Chance auf allgemeine Zustimmung zu reklamieren?

Falsch wäre es in diesem Zusammenhang, die Verantwortung für die bestehenden Zustände ausschließlich dem Gesetzgeber oder den Fleisch*produzenten* zuzuschreiben. Man muß vielmehr sehen, daß auch jeder einzelne Fleisch*konsument* durch sein Verhalten diese Zustände mitverursacht. Denn durch seinen Fleischverzehr erhöht er die betreffende Nachfrage und leistet damit einen notwendigen Beitrag zur Fortsetzung der üblichen Tierhaltung. Da inzwischen in unserer Gesellschaft ein breites Angebot von Fleisch aus artgerechter Tierhaltung verfügbar ist, könnten bereits die Fleischkonsumenten durch ihr Kaufverhalten die angeprangerten Praktiken der Fleischproduktion obsolet machen. Daß sie dies bislang nur unzureichend getan haben, beweist jedoch nicht unbedingt, daß sie unter Rationalitätsbedingungen (S. 64) meinem Moralprinzip die Zustimmung verweigern würden. Denn bei einem Großteil der Bevölkerung sind diese Rationalitätsbedingungen im Fall der Tierhaltung ganz sicher nicht erfüllt.

Bevor ich zu der moralischen Beurteilung weiterer verbreiteter Praktiken komme, die möglicherweise tierquälerischer Art sind, möchte ich zu dem von mir zum Quälen von Tieren vertretenen Moralprinzip des Tierschutzes noch etwas Grundsätzliches anmerken. Dieses oben (S. 82f.) dargelegte Moralprinzip verbietet das Quälen von Tieren dann, wenn das Tierinteresse, nicht gequält zu werden, offenbar von größerem Gewicht als das durch das Quälen des Tieres geförderte Menscheninteresse ist. Läuft dieses Prinzip nun aber, so mag ein aufmerksamer Leser fragen, nicht letztlich auf dasselbe hinaus wie das von Peter Singer vertretene, in Kapitel 4 von mir erörterte und abgelehnte Prinzip der «Gleichbehandlung» des Tieres? Ich möchte an dieser Stelle zeigen, daß dies – entgegen dem ersten Anschein – in verschiedener Hinsicht *nicht* der Fall ist, daß mein Prinzip vielmehr in seinen Konsequenzen deutlich *weniger* anspruchsvoll als das Prinzip Singers ist. Vor allem in den folgenden Hinsichten stellt mein Prinzip an den Tierschutz geringere moralische Anforderungen als das Prinzip Singers.

1. Mein Prinzip *verbietet* lediglich gewisse Handlungen (gebietet gewisse Unterlassungen), *gebietet* jedoch keine Handlungen. Man ist danach also beispielsweise nicht verpflichtet, wildlebenden Tieren irgendwelche Hilfe zu gewähren. Handlungspflichten gegenüber Tieren bestehen nur insoweit, als der Mensch diese Tiere zuvor freiwillig unter seine persönliche Herrschaft gebracht hat. Dies ist etwa der Fall bei Haus- und Nutztieren, die ihr Halter daraufhin angemessen zu versorgen hat. Doch auch diese Pflichten sind im Grunde Unterlassungspflichten: Man *darf nicht* ein Tier unter seiner Herrschaft halten, ohne dieses Herrschaftsverhältnis für das Tier artgerecht zu gestalten. Anders ausgedrückt: Außer Einzelhandlungen sind auch längerdauernde Praktiken (wie die der Tierhaltung) zu unterlassen, sofern sie in ihrer Gesamtwirkung Tierinteressen in unzulässiger Weise verletzen.

Singers Prinzip der Gleichbehandlung des Tieres kennt eine derartige Beschränkung auf Unterlassungspflichten nicht, da wir ja gewöhnlich gegenüber *Menschen* (und zwar fremden Menschen) durchaus auch gewisse Handlungspflichten anerkennen. So halten wir uns zum Beispiel moralisch für verpflichtet, in einer akuten Notsituation – etwa nach einem Verkehrsunfall – Hilfe zu leisten. Und was die entsprechende rechtliche Verpflichtung angeht, so erklärt § 323 c Strafgesetzbuch es für strafbar, wenn jemand «bei Unglücksfällen oder gemeiner Gefahr oder Not nicht Hilfe leistet, obwohl dies erforderlich und ihm den Umständen nach zuzumuten» ist. Außerdem erkennen wir jedenfalls Menschen gegenüber, die Mitbürger der eigenen Gesellschaft sind, so etwas wie eine Solidaritätspflicht der Gemeinschaft zur Gewährleistung der Minimalbedingungen eines gesunden und erträglichen Lebens an. (Zu den Gründen für die Anerkennung derartiger Pflichten in bezug auf andere Menschen vgl. oben S. 53 ff.).

2. Nach meinem Prinzip darf ein Tier dann nicht gequält werden, wenn das dadurch verletzte Tierinteresse offenbar von größerem Gewicht als das dadurch geförderte Menscheninteresse ist. Ein derart liberales Prinzip aber wäre, was das Verbot der Verletzung *menschlicher* Interessen angeht, offenkundig völlig unzureichend. Man darf ja keineswegs Individuum A immer dann Schmerzen oder einen sonstigen Schaden zufügen, wenn man dadurch Individuum B vor einem größeren oder gleich großen Schaden bewahrt. (So darf man A beispielsweise nicht zwangsweise eine Niere entfernen, um dadurch B das Leben zu retten.) Der Grund hierfür liegt darin, daß nach unserer Moral- und Rechtsordnung Menschen zur Sicherung ihrer elementaren Interessen gewisse individuelle Grundrechte besitzen, die im Prinzip jeden Eingriff aufgrund einer Abwägung der konkret im Spiel befindlichen Interessen verbieten. Menschen haben auf diese Weise die Möglichkeit, in einem vor fremden Eingriffen weitgehend sicheren sozialen Rahmen ihre Zukunft rational zu planen. (Näher hierzu im Schlußkapitel.)

Singer jedoch will im Rahmen seines Prinzips der Gleichbehandlung eine Besserstellung des Menschen dem Tier gegenüber nur insoweit anerkennen, als menschliche Individuen durch zukünftig drohende Verletzungen ihrer Interessen im Einzelfall tatsächlich in Angst versetzt werden (vgl. oben S. 45). Diese Position steht im Widerspruch sowohl zu unserer herkömmlichen moralischen Anschauung als auch zu der von mir für diese Anschauung in Kapitel 4 gegebenen Begründung.

3. Vereinbar mit unserer herkömmlichen moralischen Anschauung ist ein Eingriff in die individuellen Grundrechte eines Menschen allenfalls bei einem *extremen* Ungleichgewicht der auf dem Spiel stehenden Interessen. So darf man zum Beispiel das parkende Auto des A beschädigen, wenn man nur so das Haus des B (mit Hilfe eines Löschfahrzeugs) vor dem Abbrennen bewahren kann. Doch selbst in dieser Konstellation ist der Eingriff *im Zweifel* nicht gerechtfertigt: Wer sein *Erlaubtsein* im konkreten Fall behauptet, trägt für diese Behauptung die Beweislast. (Man vergleiche hierzu auch die Formulierung in dem rechtlich einschlägigen § 34 Strafgesetzbuch.) Dies aber ist nach dem von mir für eine zulässige Verletzung von Tierinteressen vertretenen Moralprinzip gerade umgekehrt. Danach ist nämlich eine solche Verletzung in Form des Quälens von Tieren *im Zweifel* gerechtfertigt: Wer diese Verletzung im konkreten Fall für *verboten* erklärt, trägt hierfür die Beweislast. Denn er muß nach meinem Prinzip ja zeigen, daß das verletzte Tierinteresse «offenbar von größerem Gewicht als das durch die Verletzung geförderte Menscheninteresse ist».

Nach alledem ist mein Moralprinzip des Tierschutzes mit Singers Prinzip der Gleichbehandlung des Tieres keineswegs identisch. Zwischen den beiden Prinzipien bestehen vielmehr, was ihre Konsequenzen für die Praxis des Tierschutzes angeht, wesentliche Unterschiede.

Außer zu Ernährungszwecken und zur Herstellung von Kleidungsstücken werden in der modernen Gesellschaft die meisten Tiere, die der Mensch für seine Zwecke nutzt, für medizinische Versuche eingesetzt. Kommt nach dem von mir vertretenen Moralprinzip des Tierschutzes (S. 82 f.) das Quälen von Tieren zu diesem Zweck in Betracht?

Es dürfte sich nach meinen obigen Ausführungen von selbst verstehen, daß nach diesem Moralprinzip sämtliche Tierversuche soweit wie möglich ohne jede quälerische Komponente durchgeführt werden müssen. Dies kann im Prinzip dadurch geschehen, daß die betreffenden Tiere erstens vor sowie während der Versuchsphase tiergerecht gehalten werden, daß sie zweitens bei Schmerzen anästhesiert werden und daß sie drittens nach Abschluß der Versuche, sofern dauerhaft geschädigt, schmerzlos getötet werden.

Es kann nun der Fall sein, daß diese Bedingungen sich aus verschiedenen Gründen nicht in vollem Umfang erfüllen lassen. So kann zum Beispiel die Anästhesierung der Tiere mit dem betreffenden Versuchszweck unvereinbar sein. Sind die Schmerzen der Tiere in diesem Fall trotzdem zur Erreichung dieses Zweckes in Kauf zu nehmen? Das kommt offenbar darauf an, welchen Stellenwert dieser Zweck für uns hat und ob er sich nicht auch auf eine andere Weise als durch Tierversuche realisieren läßt. Um diese beiden Fragen aber vorurteilsfrei beantworten zu können, benötigen wir zunächst einmal ein umfassendes Wissen über Art und Zweck der in Frage kommenden Versuche. Allgemein gesprochen, geht es bei der überwiegenden Zahl dieser Versuche um die Gewinnung medizinischer Erkenntnis.

Es ist nicht einfach, sich als medizinischer Laie das unverzichtbare Expertenwissen über Bedeutung und eventuelle Ersetzbarkeit dieser Tierversuche zu verschaffen. Nicht selten werden die relevanten Fakten in einer einseitigen, tendenziösen Weise dargestellt. In einem vor wenigen Jahren in den USA erschienenen Buch findet der interessierte Leser jedoch eine umfassende und kenntnisreiche Darstellung der wesentlichen Fakten.[25] Diese Darstellung profitiert insbesondere von der Tatsache, daß hier zwei Philosophen, die von radikal unterschiedlichen tierethischen Grundpositionen ausgehen, über die moralische Zulässigkeit von Tierversuchen einen vehementen Streit ausfechten und dabei auf die einschlägigen Fakten *jeweils* mit einer gewissen Selektion Bezug nehmen. Auf diese Weise bietet sich dem Leser des Buches eine gute Möglichkeit, sich seinerseits ein ausgewogenes Bild zu machen.

Für mich sieht dieses Bild nach sorgfältiger Lektüre des Buches im wesentlichen so aus: 1. Zumindest in einigen Bereichen gibt es bis heute keine alternativen Methoden oder Verfahren, die medizinische Tierversuche wirksam ersetzen könnten. 2. Der Zweck zumindest gewisser medizinischer Tierversuche sowie ihre seit langem erzielten Erfolge – etwa bei der Entwicklung von Mitteln zur Bekämpfung von Krankheiten wie Krebs und Diabetes – hat für die Lebens- und Gesundheitsinteressen der Menschen ein derartiges Gewicht, daß jene Schmerzen, die Tieren bei einigen dieser Versuche unvermeidlich zugefügt werden, *nicht* offenbar von größerem Gewicht als die betreffenden menschlichen Interessen sind. Die Voraussetzung meines oben (S. 82 f.) formulierten Moralprinzips für ein Verbot tierquälerischer Handlungen ist insoweit also nicht erfüllt.

Eine besondere Schwierigkeit der Beurteilung medizinischer Tierversuche ergibt sich daraus, daß im problematischen Fall dem so gut wie sicheren Schmerz des Tieres lediglich eine gewisse Wahrscheinlichkeit oder auch nur Hoffnung des Nutzens für den Menschen gegenübersteht: Längst nicht alle Tierversuche in der Vergangenheit haben sich im nachhinein tatsächlich als unverzichtbar zur Entwicklung eines wirksamen Medikamentes gegen eine bestimmte Krankheit erwiesen. Wer in einem solchen Fall die von mir geforderte Abwägung zwischen Tier- und Menscheninteresse vornimmt, wird auch diesen Umstand, indem er sich Gedanken über das *Maß* der Wahrscheinlichkeit des Nutzens für den Menschen macht, in seine Überlegungen einbeziehen müssen.

Es sei noch einmal darauf hingewiesen, daß es mir fernliegt, *alle möglichen* Versuche oder Experimente an Tieren moralisch gutzuheißen. Erfaßt sind durch meine obige Argumentation vielmehr von vornherein nur *medizinische* Tierversuche und auch diese *nur insoweit,* als ihr Zweck mit anderen Mitteln nicht erreichbar ist *und* das Tierinteresse an Schmerzvermeidung dabei eine größtmögliche Berücksichtigung erfährt. Schmerzhafte Tierversuche etwa zur Entwicklung von Kosmetika, zur Erprobung von Waffen oder zu reinen Erkenntnis- oder Unterrichtszwecken fallen von vornherein aus diesem Argumentationsrahmen. Diese und vergleichbare Praktiken verdienen nach meinem Moralprinzip im Ergebnis dieselbe moralische Ächtung wie das Quälen von Tieren aus Sadismus. Gleiches gilt im übrigen auch für die Nutzung gewisser Tierfallen zum Zweck der Pelzgewinnung, die die Tiere bis zu ihrem Tod oft tagelangen Qualen aussetzen.

Wie steht es um die moralische Vertretbarkeit der Nutzung von Tieren in Zoo und Zirkus? Auch hier, so scheint mir, ist die Einholung von Expertenwissen in hohem Maß angezeigt. Sofern den Tieren in diesen Kontexten nennenswerte Schmerzen physischer oder psychischer Art widerfahren, haben meines Erachtens die im Spiel befindlichen Interessen der Menschen ein offenbar geringeres Gewicht als die betreffenden Tierinteressen an Schmerzvermeidung. Unter der genannten Bedingung sollten diese Formen der Tiernutzung nach meinem Moralprinzip deshalb verboten werden.

Schluß: Rechte für Tiere?

Ist es rational für uns, Tieren ebenso wie Menschen so etwas wie *Rechte* zuzusprechen? Oder werden wir vernünftigerweise lediglich gewisse *Pflichten* in bezug auf Tiere übernehmen? Die Antwort auf diese in der heutigen Diskussion sehr umstrittene Frage hängt von zwei Faktoren ab: zum einen von der Antwort auf die begriffliche Frage, was wir unter «Rechten» genau verstehen wollen, und zum anderen von der Antwort auf die ethische Frage, ob es hinreichende Gründe gibt, Tieren irgendwelche Rechte in dem so verstandenen Sinn tatsächlich zuzusprechen. Dabei ist die Antwort auf die zweite Frage natürlich abhängig von dem von uns vertretenen tierethischen Begründungsansatz.

Beginnen wir mit der ersten, der begrifflichen Frage. Ich halte die folgende Verwendung des Begriffs des Rechts, die im Einklang mit einem verbreiteten Sprachgebrauch stehen dürfte, für zweckmäßig: Ein Recht eines Individuums ist ein durch eine Normenordnung diesem Individuum eingeräumter Anspruch, den es einem anderen Individuum bzw. einer Instanz gegenüber hat. So hat nach der Sozialmoral unserer Gesellschaft A gegenüber seinem Nachbarn B ein Recht darauf, daß B ihm heute bei der Gartenarbeit hilft, sofern ihm B dies gestern fest versprochen hat. Und C hat nach unserer Rechtsordnung gegenüber jedem beliebigen Individuum ein Recht darauf, von ihm nicht körperlich verletzt zu werden. Als Träger von Rechten kommen nach diesem Sprachgebrauch nur *Lebewesen* in Betracht, die über *Interessen* irgendwelcher Art verfügen, denen diese Rechte auf die eine oder andere Weise dienen können. Naturschönheiten etwa oder Kunstwerke können danach keine Rechte haben.

Die genannten Beispiele zeigen, daß es sowohl *moralische* Rechte (wie im ersten Beispiel) als auch *rechtliche* Rechte (wie im zweiten Beispiel) gibt. Im ersten Fall wird der betreffende Anspruch dem Individuum durch eine moralische Normenordnung, im zweiten Fall durch eine rechtliche Normenordnung eingeräumt. Dabei kann es (wie das zweite Beispiel deutlich macht) durchaus der Fall sein, daß sich ein bestimmtes rechtliches Recht mit einem entsprechenden moralischen Recht inhaltlich deckt.

Die Individuen, die Rechte haben, brauchen nicht die Fähigkeit zu besitzen, sich dieser Rechte auch bewußt zu sein und sie selber in angemessener Form geltend zu machen. So hat in unserer Gesellschaft zum Beispiel auch ein Kleinkind das (rechtliche wie moralische) Recht gegenüber jedem beliebigen Individuum, nicht von ihm körperlich verletzt zu werden. Folglich kann die bloße Tatsache, daß Tiere ebensowenig wie Kleinkinder die genannte Fähigkeit besitzen, noch kein hinreichender Grund dafür sein, Tieren keine Rechte zuzusprechen. Und aus demselben Grund steht es mit unserer üblichen Verwendung des Rechtsbegriffs auch nicht in Einklang, Tiere schon deshalb als Träger von *Rechten* auszuschließen, weil Tiere nicht Träger (moralischer oder rechtlicher) *Pflichten* sein können; auch Kleinkinder können ja nicht Träger irgendwelcher Pflichten sein.

Unverzichtbar für den Rechtsbegriff ist jedoch der folgende Gesichtspunkt. Rechte sind stets Individualrechte oder individuelle Ansprüche, die dem betreffenden Individuum *als Individuum*, das heißt um seiner selbst willen eingeräumt werden. Dieser Gesichtspunkt hat eine äußerst wichtige Konsequenz: Wenn Individuum A gegenüber Individuum B ein bestimmtes Recht hat, dann folgt daraus eine entsprechende Pflicht des B, die derart gravierend ist, daß sie im Prinzip durch irgendwelche sozialen Nutzenerwägungen nicht aufgehoben werden kann. So folgt etwa aus dem Recht des C, von niemandem, also auch nicht von D körperlich verletzt zu werden, daß D auch dann C nicht körperlich verletzen darf, wenn D nur auf diese Weise mehreren anderen Individuen in einer schweren Notlage Hilfe leisten kann. Und aus dem Recht des A, daß B sein ihm gegebenes Versprechen einhält, folgt, daß B dies auch dann zu tun hat, wenn er durch eine alternative Handlung gegenüber einem Dritten weit mehr Gutes tun könnte als gegenüber A durch die Einhaltung des Versprechens. *Individuelle Ansprüche oder Rechte gehen prinzipiell einer gesamtgesellschaftlichen oder utilitaristischen Güter- und Interessenabwägung vor.* (Vgl. zum Vorstehenden auch schon S. 90.)

Dem entspricht es, daß die einem individuellen Recht korrespondierende Pflicht stets eine Pflicht *gegenüber* dem Inhaber des Rechtes selbst ist: Meine Mitmenschen sind *mir gegenüber* verpflichtet, mich nicht körperlich zu verletzen oder ein mir gegebenes Versprechen einzuhalten. Doch umgekehrt korrespondiert nicht jeder Pflicht notwendig auch ein individuelles Recht. Es kann auch Pflichten geben, die *nicht* mit dem Recht eines Individuums, das an ihrer Erfüllung interessiert ist, verbunden sind. So mag man beispielsweise die Superreichen in einer Gesellschaft für verpflichtet erklären, ihre notleidenden Mitbürger zu unterstützen. Eine derartige Pflicht führt *nicht* dazu, daß irgendein bestimmtes Individuum einem anderen Individuum gegenüber ein *Recht* auf Unterstützung hat.

Man kann in solchen Fällen, in denen einer Pflicht kein individuelles Recht korrespondiert, dies unter anderem dadurch zum Ausdruck bringen, daß man sagt, die betreffende Pflicht bestehe nicht bestimmten Individuen *gegenüber*, sondern lediglich *in bezug* auf bestimmte Individuen. Und man kann statt dessen auch sagen, es handle sich hier um eine Pflicht lediglich *in Ansehung* bestimmter Individuen oder um eine bloß *indirekte* Pflicht. Alle diese Redeweisen laufen letztlich auf dasselbe hinaus. In der Sache ausschlaggebend ist allein die Tatsache, daß individuelle Rechte jedenfalls solche Pflichten im Gefolge haben, die von vornherein auf bestimmte Individuen als Träger dieser Rechte gerichtet sind und die deshalb in ihrer Existenz von einer utilitaristischen Abwägung bzw. Verrechnung mit entgegenstehenden Interessen anderer Individuen oder der Gesamtgesellschaft unabhängig sind.

Was läßt sich auf der Basis dieses Verständnisses individueller Rechte nunmehr zur Frage möglicher Rechte von Tieren sagen? Mit Sicherheit haben Tiere innerhalb der Normenordnungen unserer geltenden Rechtsordnung sowie der in unserer Gesellschaft weithin akzeptierten Sozialmoral keine solchen Rechte. Denn keine dieser Normenordnungen sieht offensichtlich auch nur eine einzige Konstellation vor, in der mit Rücksicht auf ein Tier dem Menschen eine Pflicht auferlegt würde, die dem vergleichsweise gewichtigeren Interesse eines beliebigen Menschen *nicht* zu weichen hätte. Tiere haben tatsächlich in unserer Gesellschaft keine Rechte; die Menschen haben *in bezug* auf sie lediglich gewisse Pflichten.

Damit vereinbar ist freilich die Feststellung, daß *manche* Menschen – insbesondere überzeugte «Tierrechtler» – in unserer Gesellschaft Tiere so zu behandeln scheinen, als ob sie gewisse Rechte hätten, und daß diese Menschen außerdem die Forderung erheben, Tieren in unserer Rechtsordnung und Sozialmoral ausdrücklich diese Rechte zuzusprechen. Diese Forderung nach einem Tierschutz unter

Einschluß individueller Rechte verdient es ohne Zweifel, ernstgenommen und ohne Vorurteile diskutiert zu werden.

Wer meinen bisherigen Ausführungen jedenfalls im wesentlichen zustimmt, wird jedoch die Aufnahme von Tierrechten in unsere Rechtsordnung und Sozialmoral nicht befürworten können. Zum einen gibt es, wie insbesondere die Erörterungen in den Kapiteln 1 bis 3 gezeigt haben, keine «höhere» Normenordnung, die uns vielleicht verpflichten könnte, irgendwelche Tierrechte in unsere empirisch geltenden Normenordnungen der Sozialmoral sowie der Rechtsordnung aufzunehmen. Und zum anderen konnten die Überlegungen in den weiteren Kapiteln mich selbst auch nicht zu einem hinreichenden subjektiven Grund in Form eines persönlichen Interesses an einer Ingeltungsetzung von Tierrechten bewegen. Dies dürfte aus dem von mir vertretenen *Moralprinzip des Tierschutzes* (S. 82 f.) ebenso wie aus seinen von mir im einzelnen vorgestellten Konsequenzen klar hervorgehen.

Wer tatsächlich glaubt, auf einer subjektiven Interessenbasis, also aus reinem Altruismus, überzeugend für Tierrechte plädieren zu können, sollte sich die folgende grundsätzliche Frage stellen: Warum erhebe ich als Mensch eigentlich für mich und meine Mitmenschen die moralische Forderung nach individuellen Rechten und nicht bloß nach Berücksichtigung der im jeweiligen konkreten Fall überwiegenden Interessen?

Der fundamentale Grund hierfür dürfte mit der oben (S. 72) angesprochenen Tatsache, daß Menschen ein Überlebensinteresse haben, eng zusammenzuhängen: Da wir als Menschen unsere Zukunft bewußt ins Auge fassen und (jedenfalls in einem gewissen Maß) rational planen können, haben wir automatisch auch ein starkes Interesse daran, für diese Planung einen sozialen Rahmen zu besitzen, der durch gewisse feststehende, unseren ganz elementaren und dauerhaften Interessen dienende individuelle Rechte definiert ist. Die Zulässigkeit jedweden Eingriffs in unsere Interessensphäre, der in concreto dem gewichtigeren Interesse eines Mitmenschen dient, würde offensichtlich unsere Zukunftsplanung und damit die mögliche eigene Vorsorge für unsere künftige Lebensqualität stark beeinträchtigen. Gerade dieser Beeinträchtigung aber wird durch das Instrument individueller Rechte, das, wie wir sahen, einer reinen Interessenabwägung im Einzelfall entgegensteht, entscheidend vorgebeugt.

Wenn diese Überlegung aber im Kern zutrifft, dann fehlt bei Tieren für die Zusprechung irgendwelcher individuellen Rechte einfach die wesentliche Voraussetzung. Denn Tieren fehlt nun einmal die bewußte Zukunftsbezogenheit ihres Erlebens; sie können keine Pläne schmieden und verfolgen, die über die ganz unmittelbar bevorstehende Zukunft hinausgehen. Insofern kann das einzelne Tierindividuum von einer Zusprechung und Institutionalisierung individueller Rechte auch gar nicht – in entsprechender Weise wie ein Mensch – profitieren.

Doch selbst derjenige, der insoweit spontan anderer Meinung ist und die Zusprechung von Tierrechten mit einem Tieraltruismus, der über Tiere hinreichend aufgeklärt ist, vereinbaren zu können glaubt, sollte folgendes nicht vergessen: Jede Zusprechung individueller Rechte schafft auch Pflichten – und zwar, wie wir sahen, ganz besonders strikte Pflichten. Diese Pflichten aber treffen in keinem Fall die Tiere, sondern ganz allein die Menschen, die dadurch in der Verfolgung *ihrer* typischen Interessen unvermeidlich eine starke Einschränkung erfahren.

In diesem Zusammenhang ist insbesondere zu bedenken: Selbst derjenige, der aus seinem Verständnis von Tieraltruismus für Tierrechte eintreten und insoweit seine entgegenstehenden egoistischen Interessen verleugnen möchte, muß sich zusätzlich überlegen, ob eine solche Einstellung auch mit seinem Altruismus in bezug auf seine *Mitmenschen*, denen er durch sein tierrechtliches Plädoyer ja ebenfalls eine erhebliche Belastung zumutet, vereinbar ist. (Siehe zum Altruismus im mitmenschlichen Bereich die obigen Ausführungen auf S. 60 ff.). Auch insoweit wird jeder Tierrechtler sich also fragen müssen, ob er tatsächlich bereit ist, über das von mir vertretene «Moralprinzip des Tierschutzes» (S. 82 f.) in einem solchen Maß hinauszugehen.

Schließlich sei noch auf eine in unserer Gesellschaft verbreitete Position hingewiesen, welche die Forderung nach Tierrechten als Teil einer generellen Forderung nach Rechten der Natur versteht. Ein gutes Beispiel einer solchen Position bieten die Lehren des (auch politisch) sehr einflußreichen Naturphilosophen Klaus Michael Meyer-Abich. Dieser Autor gibt sich im außermenschlichen Bereich keineswegs mit Tierrechten zufrieden, sondern fordert ausdrücklich Rechte für die gesamte «natürliche Mitwelt» des Menschen, einschließlich der Pflanzen und Naturelemente. Er schreibt in diesem Zusammenhang: «Landschaften, Tiere und Pflanzen, Licht und Wind und Wasser können ihre Rechte und Interessen vor Gericht offenbar nicht persönlich vertreten, sondern bedürfen hierzu eines Stellvertreters».[26]

Bislang hat unser Staat juristische Organe, die die «Rechte und Interessen» von Pflanzen oder von Naturelementen wie «Licht und Wind und Wasser» vor Gericht vertreten, noch nicht eingesetzt; und ich meine, das ist gut so, da nach meiner Auffassung Pflanzen und Naturelementen keine Rechte zustehen. Immerhin scheinen Meyer-Abich und ich insoweit einer Meinung zu sein, als offenbar auch Meyer-Abich, indem er auf «Rechte und Interessen» in einem Atemzug Bezug nimmt, von vorhandenen Interessen als einer notwendigen Voraussetzung der Zusprechung von

Rechten ausgeht. Und von Interessen kann bei einigen Subjekten unserer «natürlichen Mitwelt», nämlich bei Tieren, ja durchaus die Rede sein, so daß die Frage nach Tierrechten, wie wir sahen, jedenfalls eine sinnvolle und zunächst auch offene Frage ist.

Was aber, so rätselt man, hat man sich unter einem «Interesse», das etwa ein Naturelement wie Wind oder Wasser hat, vorzustellen? Inwiefern hatte beispielsweise das Elbwasser im Sommer 2002 ein «Interesse» daran, Teile Dresdens zu überfluten? Hat das Wasser als solches etwa Bewußtsein oder zumindest Leben, was als Voraussetzung für den Besitz irgendeines «Interesses» ganz unverzichtbar zu sein scheint? Die Antwort auf diese Frage kann aus wissenschaftlicher Perspektive offenbar nur negativ ausfallen. Man könnte gleichwohl auf zweierlei Weise den Versuch machen, der Position des Naturphilosophen einen Sinn abzugewinnen. Man könnte nämlich entweder von der Annahme ausgehen, daß hinter den betreffenden Naturelementen irgendwelche personalen Wesen stehen, die sie lenken, oder von der Annahme, daß die betreffenden Naturelemente *ihrerseits* entgegen dem wissenschaftlichen Anschein durchaus beseelt oder belebt sind.

Die erste Annahme, die unserem traditionellen theistischen Weltbild entspricht, hilft Meyer-Abich bei genauerer Betrachtung jedoch kaum weiter. Denn auch die von einem Gott bzw. einem Teufel gelenkten Naturelemente gewinnen dadurch nicht auch schon *selber* Leben und eigene Interessen. Wenn Gott etwa ein Interesse daran hat, Dresden durch die Elbe zu überfluten bzw. dem Teufel, der dieses Interesse hat, insoweit grünes Licht zu geben, so gewinnt die Elbe selber dadurch ebensowenig dieses Interesse, wie mein Auto dadurch, daß *ich* ein Interesse daran habe, es für meinen bevorstehenden Arztbesuch zu benutzen, *selber* ein Interesse gewinnt, mich zum Arzt zu befördern.

Es bleibt die zweite Annahme, die allerdings vollkommen spekulativer Natur und durch nichts belegbar ist. Was folgt, wenn wir sie mit Meyer-Abich einfach voraussetzen? Es folgt, daß es tatsächlich einen *Sinn* ergibt, den Naturelementen Rechte zuzusprechen. Keineswegs aber folgt, daß dies zu tun von unserem menschlichen Standpunkt aus auch *rational* ist. Ist es aber rational oder vernünftig, dies zu tun?

Leider unterläßt es Meyer-Abich, uns über die Empfindungen, die Freuden und Leiden von Elementen wie Wind und Wasser näher zu informieren. Obschon er zum Beispiel bekennt, «mein Mitgefühl gilt dem Meer selbst»,[27] läßt er es offen, welche inhaltlichen Rechte er im einzelnen für Naturelemente wie Wind und Wasser fordern möchte. Den bloßen Konsum von Wasser scheint er *nicht* unter allen Umständen für eine Verletzung der Rechte des Wassers zu halten. Jedenfalls erklärt er im Fall der Rechte von Pflanzen ausdrücklich, daß wir diese Naturobjekte unter einer bestimmten Voraussetzung als Nahrung nutzen dürfen. Diese Voraussetzung ist dann gegeben, wenn wir die «Würde» der Pflanzen insoweit respektieren, als Pflanzen von uns unter keinen Umständen «in Massen gehalten» und so der «Pflanzenquälerei» ausgesetzt werden, was der Autor völlig unvertretbar findet.[28] Vermutlich dürfen wir dementsprechend auch die «Würde» sowie die «Rechte» etwa von Flußwasser keinesfalls dadurch verletzen, daß wir dieses Wasser den Qualen der Massenhaltung in einem Stausee aussetzen. Und was das Naturelement des Windes angeht, so wäre zu überlegen, inwieweit wir seinem natürlichen Verlauf etwa durch die Errichtung allzu stabiler Bauwerke Widerstand entgegensetzen dürfen.

So faszinierend Meyer-Abichs Forderung nach Rechten für unsere gesamte «natürliche Mitwelt» und damit nach Einbettung des Tierschutzes in einen umfassenden Naturschutz für viele Zeitgenossen auch klingen mag: Mir fällt es schwer, auf dem Hintergrund eines wissenschaftlichen Naturverständnisses so etwas wie ein «Mitgefühl» mit Pflanzen, Wind und Wasser aufzubringen. Ich bekenne vielmehr, daß ich es aus Altruismus sogar *begrüßen* würde, wenn es dem Menschen eines Tages vielleicht gelingen sollte, sowohl jene Tiere (nämlich Insekten), die jährlich Hunderttausende von Menschen mit Malaria infizieren, als auch jene Winde (nämlich Orkane), die immer wieder Schiffe zum Kentern bringen und menschliche Ansiedlungen verwüsten, mitsamt ihren «Interessen» vollständig von der Erde zu verbannen.

Wenn es um ethische Grundfragen der *Bioethik* – also um Fragen des moralischen und rechtlichen Umgangs mit menschlichem und außermenschlichem Leben in seinen verschiedenen Phasen und Erscheinungsformen – geht, wird derzeit im deutschsprachigen Raum kein Begriff so sehr bemüht wie der Begriff der «Würde».[29] Bei nüchterner Betrachtung dieses Phänomens drängt sich der Schluß auf: «Schöne Phrasen sind die letzte Zuflucht von Leuten, denen die Argumente ausgegangen sind».[30]

Anmerkungen

1 Die in Klammern stehenden Stellenangaben dieses Kapitels beziehen sich auf: *Die Heilige Schrift.* Einheitsübersetzung, Stuttgart 1980.

2 Aurelius Augustinus, *De moribus ecclesiae catholicae et de moribus Manichaeorum libri duo,* in: *Sancti Aureli Augustini opera,* Vol. XC, II, Wien 1992, § 54 (S. 136f.).

3 Thomas von Aquin, *Summe gegen die Heiden,* Dritter Band, Teil 2, Darmstadt 1996, S. 161.

4 Zitiert nach: Andreas-Holger Maehle, *Kritik und Verteidigung des Tierversuchs,* Stuttgart 1992, S. 77.

5 Sekretariat der Deutschen Bischofskonferenz (Hrsg.), *Die Verantwortung des Menschen für das Tier,* Bonn 1993, S. 21.

6 Immanuel Kant, *Anthropologie in pragmatischer Hinsicht,* in: I. K., *Werke in sechs Bänden,* hrsg. von Wilhelm Weischedel, Bd. 6, Darmstadt 1964, S. 407.

7 Immanuel Kant, *Die Metaphysik der Sitten,* in: I. K., *Werke in sechs Bänden,* hrsg. von Wilhelm Weischedel, Bd. 4, Darmstadt 1963, S. 579.

8 Eingehend zu diesen ethischen Grundsatzfragen Norbert Hoerster, *Ethik und Interesse,* Stuttgart 2003, Kapitel 3.

9 Die in Klammern stehenden Seitenangaben dieses Kapitels beziehen sich (sofern nicht ausdrücklich auf das vorliegende Buch) auf: Albert Schweitzer, *Kultur und Ethik,* München 1996.

10 Albert Schweitzer, *Aus meinem Leben und Denken,* Frankfurt a. M. 1995, S. 200.

11 Schweitzer (Anm. 10), S. 202.

12 Die folgenden in Klammern stehenden Seitenangaben beziehen sich auf: Gotthard M. Teutsch, Die *«Würde der Kreatur»,* Bern u. a. 1995.

13 Die folgenden in Klammern stehenden Seitenangaben beziehen sich auf: Tom Regan, *In Sachen Rechte der Tiere,* in: Peter Singer (Hrsg.), *Verteidigt die Tiere,* Frankurt a. M. / Berlin 1988, S. 28ff.

14 Hoerster (Anm. 8), Kapitel 4–7.

15 Die folgenden in Klammern stehenden Seitenangaben beziehen sich auf: Jean-Claude Wolf, *Tierschutz und Würde des Menschen,* in: Martin Liechti (Hrsg.), *Die Würde des Tieres,* Erlangen 2002, S. 61 ff.

16 Robert Spaemann, *Tierschutz und Menschenwürde,* in: Ursula M. Händel (Hrsg.), *Tierschutz,* Frankfurt a. M. 1984, S. 78.

17 Die in Klammern stehenden Seitenangaben dieses Kapitels beziehen sich (sofern nicht ausdrücklich auf das vorliegende Buch) auf: Peter Singer, *Animal Liberation. Die Befreiung der Tiere,* Reinbek 1996.

18 Ausführlich zur Unbegründetheit des Utilitarimus Hoerster (Anm. 8), Kapitel 7.

19 Zu dieser interessenfundierten Form der Moralbegründung siehe eingehend Hoerster (Anm. 8), Kapitel 8–10.

20 Zum Zusammenhang zwischen Wunsch, Interesse und Rationalitätsbedingungen näher Hoerster (Anm. 8), S. 37f.

21 Helmut F. Kaplan, *Leichenschmaus,* Reinbek 1993, S. 153 bzw. S. 105.

22 Ausführlich zu Voraussetzungen und Konsequenzen eines Überlebensinteresses Norbert Hoerster, *Ethik des Embryonenschutzes,* Stuttgart 2002, S. 73 ff.

23 Leslie Stephen, *Social Rights and Duties,* Bd. 1, London 1896, S. 236 (Übersetzung von mir).

24 Zum folgenden vgl. auch Peter Singer, *Praktische Ethik,* Stuttgart ²1994, S. 148 ff.

25 Carl Cohen and Tom Regan, *The Animal Rights Debate,* Lanham u. a. 2001, S. 69–123, S. 142–149, S. 233–238, S. 297–306. Eine Fülle wertvoller Hinweise auf Stellungnahmen und Publikationen zur Problematik von Tierversuchen enthält auch der Geschäftsbericht des Deutschen Tierschutzbundes e. V. für den Zeitraum April 2001 – März 2003, Bonn 2003, S. 90 ff.

26 Klaus Michael Meyer-Abich, *Das Recht der Tiere.* Grundlage für ein neues Verhältnis zur natürlichen Mitwelt, in: Ursula M. Händel (Hrsg.), *Tierschutz,* Frankfurt a. M. 1984, S. 23.

27 Klaus Michael Meyer-Abich, *Praktische Naturphilosophie.* Erinnerung an einen vergessenen Traum, München 1997, S. 338.

28 Meyer-Abich (Anm. 27), S. 427.

29 Zur generellen Unbrauchbarkeit dieses Begriffs in der Ethik siehe Hoerster (Anm. 22), Kapitel 1.

30 Peter Singer, *Alle Tiere sind gleich,* in: Angelika Krebs (Hrsg.), *Naturethik,* Frankfurt a. M. 1997, S. 28.

Literaturhinweise

Die Hinweise beschränken sich auf Monographien, die in deutscher Sprache vorliegen.

a) Untersuchungen zur Ethik allgemein

Birnbacher, Dieter: *Analytische Einführung in die Ethik,* Berlin/New York 2003.

Hoerster, Norbert: *Ethik und Interesse,* Stuttgart 2003.

Mackie, John L.: *Ethik,* Stuttgart 1981.

Stemmer, Peter: *Handeln zugunsten anderer.* Eine moralphilosophische Untersuchung, Berlin/New York 2000.

b) Untersuchungen zu Tierethik und Tierschutz

Ach, Johann S.: *Warum man Lassie nicht quälen darf,* Erlangen 1999.

Baranzke, Heike: *Würde der Kreatur?* Die Idee der Würde im Horizont der Bioethik, Würzburg 2002.

Bekoff, Marc: *Das unnötige Leiden der Tiere.* Tierrechte – was jeder Einzelne tun kann, Freiburg i. Br. 2001.

Breßler, Hans-Peter: *Ethische Probleme der Mensch-Tier-Beziehung.* Eine Untersuchung philosophischer Positionen des 20. Jahrhunderts zum Tierschutz, Frankfurt a. M. 1999.

Cavalieri, Paola: *Die Frage nach den Tieren.* Für eine erweiterte Theorie der Menschenrechte, Erlangen 2002.

Dahl, Edgar: *Xenotransplantation.* Tiere als Organspender für Menschen? Stuttgart/Leipzig 2000.

Flury, Andreas: *Der moralische Status der Tiere.* Henry Salt, Peter Singer und Tom Regan, Freiburg i. Br. 1999.

Kaplan, Helmut F.: *Tierrechte.* Die Philosophie einer Befreiungsbewegung, Göttingen 2000.

Precht, Richard David: *Noahs Erbe.* Vom Recht der Tiere und den Grenzen des Menschen, Reinbek 2000.

Rambeck, Bernhard: *Mythos Tierversuch.* Eine wissenschaftskritische Untersuchung, Frankfurt a. M. 1990.

Röcklinsberg, Helena: *Das seufzende Schwein.* Zur Theorie und Praxis in deutschen Modellen zur Tierethik, Erlangen 2001.

Singer, Peter: *Animal Liberation.* Die Befreiung der Tiere, Reinbek 1996.

Teutsch, Gotthard M.: *Tierversuche und Tierschutz,* München 1983.

Walden, Sina und Bulla, Gisela: *Endzeit für Tiere.* Ein Aufruf zu ihrer Befreiung, Reinbek 1992.

Wolf, Jean-Claude: *Tierethik.* Neue Perspektiven für Menschen und Tiere, Freiburg (Schweiz) 1992.

Wolf, Ursula: *Das Tier in der Moral,* Frankfurt a. M. 1990.

Wollschläger, Hans: *«Tiere sehen dich an» oder das Potential Mengele,* Zürich 1989.

c) Untersuchungen zum Tierverhalten

Arzt, Volker und Birmelin, Immanuel: *Haben Tiere ein Bewußtsein?* Wenn Affen lügen, wenn Katzen denken und Elefanten traurig sind, München 1993.

Darwin, Charles: *Der Ausdruck der Gemütsbewegungen bei dem Menschen und bei den Tieren,* Frankfurt a. M. 2000.

Dawkins, Marian S.: *Leiden und Wohlbefinden bei Tieren,* Stuttgart 1982.

Goodall, Jane: *Wilde Schimpansen.* Verhaltensforschung am Gombe-Strom, Reinbek 1991.

Griffin, Donald R.: *Wie Tiere denken.* Ein Vorstoß ins Bewußtsein der Tiere, München 1990.

Hauser, Marc D.: *Wilde Intelligenz.* Was Tiere wirklich denken, München 2001.

Masson, Jeffrey M. und McCarthy, Susan: *Wenn Tiere weinen,* Reinbek 1996.

Sommer, Volker: *Lob der Lüge.* Täuschung und Selbstbetrug bei Tier und Mensch, München 1992.

Waal, Frans de: *Der gute Affe.* Der Ursprung von Recht und Unrecht bei Menschen und anderen Tieren, München 2000.

Aus dem Verlagsprogramm

Philosophie in der Beck'schen Reihe

Rafael Ferber
Philosophische Grundbegriffe 1
Philosophie, Sprache, Erkenntnis, Wahrheit, Sein, Gut
7., durchgesehene Auflage. 2003. 238 Seiten. Paperback
Beck'sche Reihe Band 1054

Rafael Ferber
Philosophische Grundbegriffe 2
Mensch, Bewußtsein, Leib und Seele, Willensfreiheit, Tod
2003. 277 Seiten. Paperback
Beck'sche Reihe Band 1533

Christoph Horn/Christof Rapp (Hrsg.)
Wörterbuch der antiken Philosophie
2002. 502 Seiten. Paperback
Beck'sche Reihe Band 1483

Clemens Sedmak
Kleine Verteidigung der Philosophie
2003. 227 Seiten. Paperback
Beck'sche Reihe Band 1546

Annemarie Pieper
Gut und Böse
2. Auflage. 2002. 128 Seiten. Paperback
Beck'sche Reihe Band 2077
C. H. Beck Wissen

Otfried Höffe
Gerechtigkeit
Eine philosophische Einführung
2., durchgesehene Auflage. 2004. 127 Seiten mit 6 Abbildungen.
Paperback. Beck'sche Reihe Band 2168
C. H. Beck Wissen

Verlag C. H. Beck München

Reihe Denker
herausgegeben von Otfried Höffe

Rolf Schönberger
Anselm von Canterbury
2004. Etwa 160 Seiten. Paperback
Beck'sche Reihe Band 568

Peter Kampits
Jean-Paul Sartre
2004. Etwa 176 Seiten. Paperback
Beck'sche Reihe Band 567

Volker Bialas
Johannes Kepler
2004. Etwa 192 Seiten mit 24 Abbildungen. Paperback
Beck'sche Reihe Band 566

Hans Friedrich Fulda
Georg Wilhelm Friedrich Hegel
2003. 345 Seiten mit 9 Abbildungen. Paperback
Beck'sche Reihe Band 565

Hermann Fischer
Friedrich Schleiermacher
2001. 168 Seiten mit 10 Abbildungen. Paperback
Beck'sche Reihe Band 563

Verlag C. H. Beck München